基于物理模型的单幅图像去雾方法

王文成 著

科学出版社
北京

内 容 简 介

本书主要研究雾天图像的去雾方法及其相关应用，首先分析了图像增强、图像融合和图像复原方法；其次研究了基于线性变换的单幅图像去雾方法及针对大面积天空区域的去雾问题；最后提出了快速去雾方法，并探讨了大气光值获取的方法。

本书可供信息类、工程类、应用数学类专业的研究生以及图像处理领域的研究人员参考。

图书在版编目（CIP）数据

基于物理模型的单幅图像去雾方法 / 王文成著. —北京：科学出版社，2019.3

ISBN 978-7-03-060108-7

Ⅰ. ①基… Ⅱ. ①王… Ⅲ. ①物理模型-应用-图象恢复法-研究 Ⅳ. ①P23

中国版本图书馆 CIP 数据核字（2018）第 288175 号

责任编辑：陈 婕 / 责任校对：郭瑞芝
责任印制：吴兆东 / 封面设计：蓝正设计

科学出版社 出版
北京东黄城根北街 16 号
邮政编码：100717
http://www.sciencep.com

北京九州迅驰传媒文化有限公司 印刷

科学出版社发行 各地新华书店经销

*

2019 年 3 月第 一 版 开本：B5(720×1000)
2019 年 3 月第一次印刷 印张：10
字数：200 000

定价：88.00 元

（如有印装质量问题，我社负责调换）

前　言

图像去雾研究作为图像处理、模式识别、机器视觉等多学科交叉研究的热点，具有重要的理论意义和应用价值。图像去雾是通过一定的手段去除雾的干扰，以便得到满意的视觉效果并获取更多有效信息的处理技术。该项技术在户外视频监控、日常照片处理、航拍和水下图像处理，以及现有汽车、船舶的安全辅助驾驶系统等诸多领域都有很广阔的应用前景。近几年来，国内外在该领域的研究得到了蓬勃发展并取得了显著成果，但仍有许多难点问题一直未得到很好的解决。

本书根据作者多年研究成果整理而成，主要介绍当前图像去雾技术的特点以及去雾质量评价的各种标准，提出基于线性变换的雾天图像复原方法，研究包含大面积天空区域图像的处理方法和面向视频处理的快速去雾方法，并设计了大气光值准确提取的策略。全书共 6 章：第 1 章主要介绍图像去雾问题的研究背景、意义和国内外研究现状，分析雾天图像的本质特征及图像去雾的关键问题；第 2 章主要介绍图像去雾效果的客观评价准则，并对各种去雾算法的效果分别采用不同的评价标准进行评价；第 3 章主要介绍一种基于线性变换的雾天图像复原方法；第 4 章主要研究包含大面积天空区域的图像去雾问题；第 5 章分析雾霾图像中天空区域的灰度特性，提出一种基于灰度投影的大气光值搜索算法；第 6 章基于大气散射理论和暗原色先验理论提出一种可用于实时运行场合的、基于单幅图像的快速去雾方法。

本书撰写的目的是将基于物理模型去雾的相关研究内容系统化，以便为初涉该领域的研究人员提供参考。书中所提出的算法已通过实验验证，在此基础上进一步的研究并加以完善，将可以不断优化图像去雾系统。

在撰写本书过程中，作者得到美国北得克萨斯大学袁晓辉博士、山东大学常发亮教授的指导和帮助，在此表示衷心的感谢！与本书内容相关的研究工作获得国家自然科学青年基金项目(61403283)、山东省自然科学基金项目(ZR2013FQ036)及潍坊学院“杰出青年”人才计划项目的资助，在此也表示感谢！

限于作者水平，书中难免存在不妥之处，欢迎专家、学者和广大读者批评指正。

目　　录

第 1 章　绪　　论

随着科技水平的日新月异和人工智能时代的到来，人们对信息的需求量越来越多。图像由于具有表示信息更容易被人们接受与理解的优势，已经成为人们了解外部世界的主要信息来源。

1.1　去雾技术概述

户外视觉系统广泛应用于视频监控、智能交通、遥感监测等领域，在人们的生产生活和军事领域中发挥着重要的作用。然而，天气的变化、汽车尾气的大量排放和工业污染的加重等原因使得人们的活动空间常常笼罩在雾霾之中。根据国家气象部门的数据，2016 年 3 月 13 日至 21 日，华北中南部、黄淮、江淮等地出现 2016 年来最长时间的一次雾霾灾害性天气，而此前仅在 2016 年元旦假期期间出现过；京津冀地区、华北、晋东南以及陕、甘部分地区遭遇中、重度雾霾天气，有些区域 PM2.5 浓度指数超过 300μg/m^3，冀南部分区域更是超过 550μg/m^3，而且这种天气的发生范围和持续时间有一种愈演愈烈之势。

雾霾不仅直接危害居民身心健康，而且对社会生产、生活各个领域造成广泛影响。在雾霾天气下，户外视觉系统通常会因为受到大气中随机介质的散射作用而导致图像对比度和颜色发生改变，使得图像中蕴含的许多细节特征被衰减，极大地限制和影响了各种视觉系统效用的发挥。如图 1.1(a)所示公路图像监视系统，由于受到雾霾天气的影响，采集到的视觉信息不具有可辨识性，辅助或监控交通的能力大大削弱；如图 1.1(b)所示遥感航拍图像，由于受到大气随机介质的影响，遥感图像严重退化，对后续的信息处理产生很大的干扰。

(a) 公路交通监控　(b) 航拍图像

图 1.1　雾霾图像实例

图 1.2 为无雾场景、薄雾场景和浓雾场景下的三幅图像以及所对应的三色直方图。

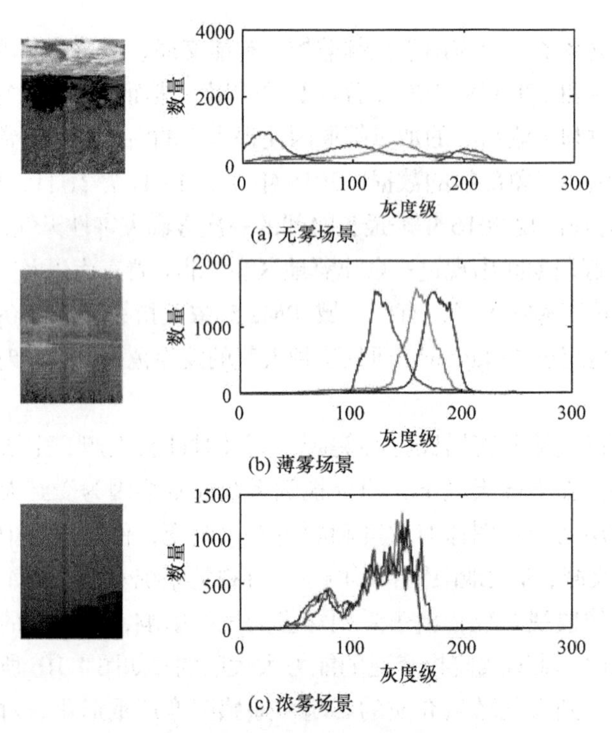

(a) 无雾场景
(b) 薄雾场景
(c) 浓雾场景

图 1.2　有雾和无雾图像像素值对比

由无雾场景、薄雾场景和浓雾场景所对应的直方图可以看出，无雾图像的灰度分布范围较大，说明图像中像素值的动态分布范围较大；有雾图像的色彩值分布集中，并且随着雾浓度的增大，动态范围分布变窄，颜色衰减更严重。

因此，如何针对恶劣天气条件下的图像或者视频增强数据的有效性和可用性，简洁有效地复原清晰图像成为当前亟待解决的问题。这不但可以提高户外视觉系统的可靠性和鲁棒性，而且对促进图像信息挖掘理论的发展具有重要意义。其相关研究成果可广泛应用于城市交通[1-4]、户外视频监控[5-10]、卫星遥感监测[11-17]、车辆安全辅助驾驶[18-27]、军事航空侦查等领域，并且对水下图像分析[28-33]、雨雪图像清晰化[34-40]等诸多问题的研究具有参考价值。

去雾技术是通过一定的手段去除雾的干扰，以便得到满意的视觉效果并获取更多有效信息的处理技术。常用的去雾方法分为硬件去雾和软件去雾。硬件去雾方法主要是结合雷达等昂贵设备实现，是早期采用的方法。软件去雾方法主要通过增强图像完成，是图像处理领域的一个重要研究分支，因具有跨学科、前沿性以及应用前景广阔等特点而备受国内外大批研究者关注，近几年来已成为多学科交叉领域的研究热点。

图像去雾的研究工作最早可追溯到20世纪50年代，主要是美国学者针对地球资源卫星图像云雾退化问题而开展的工作。1992年，加拿大研究机构DREV(Defense Research Establishment Valcartier)的Bissonnette等针对雾和雨天气下的图像进行去雾研究。随后，英国曼彻斯特大学的Satherley和Oakley等针对恶劣天气条件下的航拍降质彩色图像进行去雾处理。美国国家航空航天局(NASA)的Langley研究中心对在夜晚以及烟、雾条件下获取的图像基于Retinex方法进行增强，取得了较好的研究成果。以色列理工学院(Israel Institute of Technology)的Schechner和Shwartz基于偏振滤波的方法，建立了基于信号衰减和大气光影响的图像衰减模型。哥伦比亚大学计算机视觉实验室(Columbia University Computer Vision Lab)的Nayar和Narasimhan利用多帧对在雾天条件下拍摄的图像进行去雾处理，有效地增强了图像的对比度。康斯坦茨大学(University of Konstanz)的Kopf等通过获得场景的深度信息，实现了图像的去雾。英国Dmist公司基于曼彻斯特大学SISP研究组(Sensing, Imaging & Signal Processing Group)在图像对比度恢复方面的研究成果，设计出产品ClearVue，该产品能够实现图像的清晰化，且实时性较好。特别值得一提的是，2009年香港中文大学的何凯明博士提出了一种基于暗通道先验的单幅图像去雾方法，该成果在国际计算机视觉与模式识别会议(IEEE

Conference on Computer Vision and Pattern Recognition, CVPR)上获得最佳论文奖，引起了该领域研究人员的高度关注。

近几年来，基于单幅图像的去雾方法发展迅速，有关此方向的论文数量不断增加，具体变化见图 1.3(显示 Google 搜索到的英文文献数量)，其中 2000～2015 年发表的英文论文如图中灰色区域所示。以“去雾”作为篇名关键词所搜索得到的直接相关文献数量如图 1.4 所示。虽然以上文献不尽完整，但能够确定的是，关于图像去雾的研究近年来逐渐增多。

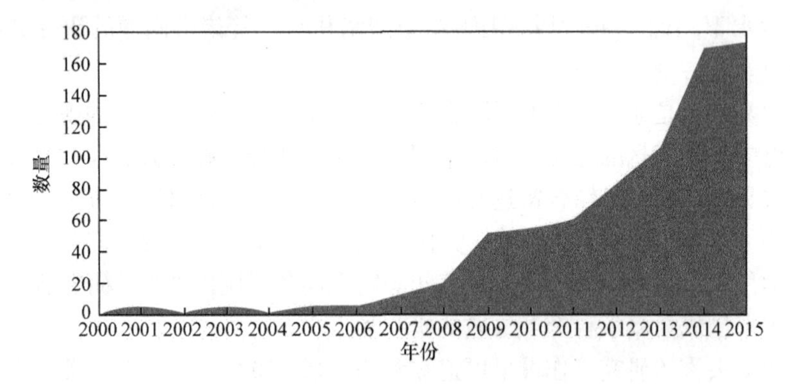

图 1.3 近几年相关英文论文发表统计图(Google)

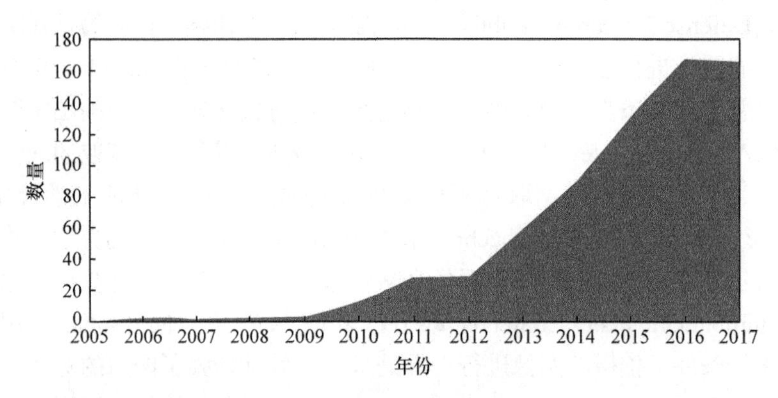

图 1.4 近几年相关英文论文发表统计图(CNKI)

总体而言，国内外研究人员对图像去雾技术的研究已经取得了若干成果，其有效性也在实际应用中得到一定的验证[41]，但该方向的研究时间并不长，这些研究成果和研究方法仍处于不断的发展中。

1.2 图像去雾方法的分类

目前对于雾天图像的处理方法主要分为三类：基于图像增强的方法、基于图像融合的方法和基于图像复原的方法。基于图像增强的方法不考虑图像退化原因，主要通过针对性的图像处理方法提高雾天图像的对比度和细节信息，改善图像的视觉效果，但该方法容易造成颜色等信息的损失，从而导致图像失真。基于图像融合的方法是在不需要物理模型的情况下，最大限度地利用多个源通道所采集到的关于同一目标的有用信息，经过图像处理和计算机技术最终形成高质量的图像。基于图像复原的方法主要研究雾天图像成像的物理机制，通过建立雾天退化模型，并补偿退化过程造成的失真，来获得未经干扰退化的无雾图像的最优估计值。这种方法以理论模型为依据，得到的去雾图像效果逼真自然，信息损失少，但是该类方法需要对模型中的参数进行有效估计。

以上三类又可以根据去雾方法的不同原理分为不同的子类，部分方法经过扩展可以用于视频去雾场景之中。基于图像增强的方法分为直方图均衡化、Retinex 方法、频域滤波(小波变换、曲波变换、同态滤波)。基于图像复原的方法则包括基于附加信息的单幅图像去雾、多幅图像去雾和基于先验知识的单幅图像去雾。具体的方法分类如图 1.5 所示。

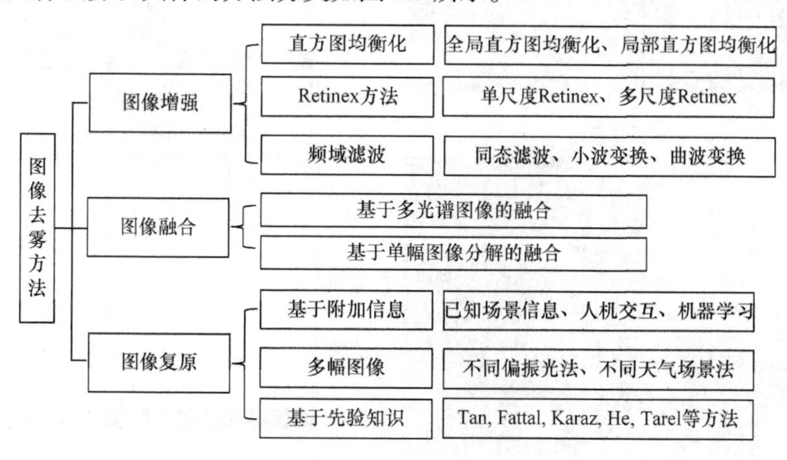

图 1.5 去雾方法分类框图

1.3 基于图像增强的方法

基于图像增强的去雾方法不需要求解图像降质的物理模型，而是从人类视觉感受出发，通过直接增强图像对比度、修正图像色彩等方面改善图像质量，主要包括直方图均衡化方法、Retinex 方法、频域滤波方法。

1.3.1 直方图均衡化

直方图均衡化方法的思想源于对雾天图像的分析。雾天图像由于蒙上了一层“雾气”，其灰度值向一个范围内集中，对比度下降。采用直方图均衡化方法可使灰度值在整个灰度范围内均匀分布，获得更大的图像动态范围，提高图像对比度，增加灰度值的动态范围，从而达到增强雾天图像整体对比度的效果。直方图均衡化的例子如图 1.6 所示，其中图(a)为雾霾图像，图(b)为雾霾图像的灰度直方图，图(c)为直方图均衡化后的图像，图(d)为图(c)的灰度直方图。

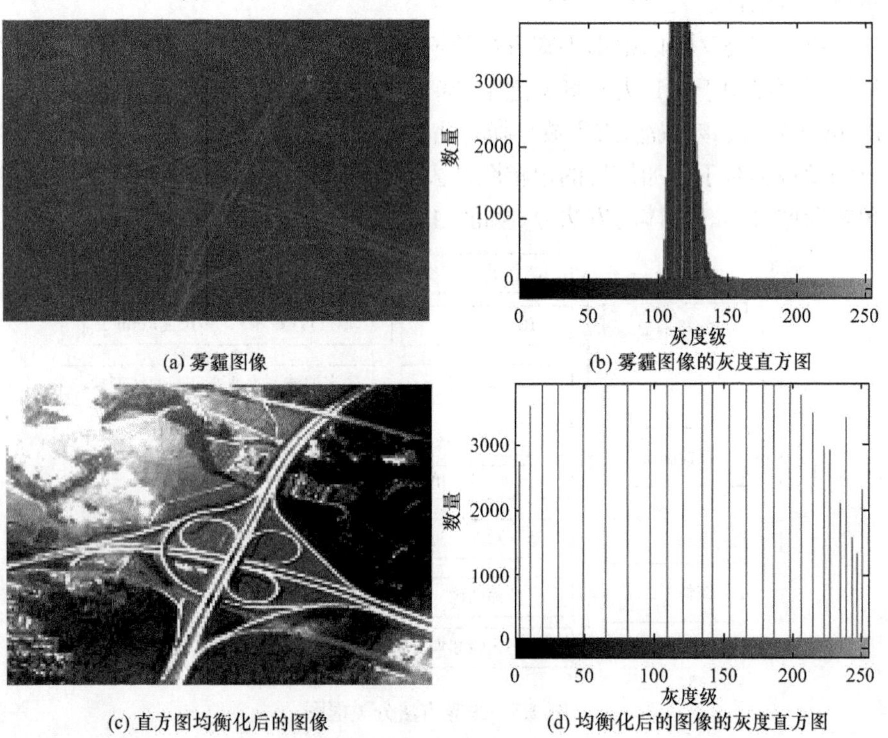

(a) 雾霾图像　(b) 雾霾图像的灰度直方图

(c) 直方图均衡化后的图像　(d) 均衡化后的图像的灰度直方图

图 1.6 直方图均衡化

根据计算区域的不同，直方图均衡化方法又可以分为全局直方图均衡化(global histogram equalization, GHE)和局部直方图均衡化(local histogram equalization, LHE)。

全局直方图均衡化所采用的方法是利用累积分布函数作为图像灰度值的变换曲线。若用变量 r 和 s 分别表示原图和直方图均衡化后图像的灰度级，用 $P_r(r)$ 表示 r 出现的概率，L 表示灰度级总数，n 表示图像中像素的总和，n_j 表示 j 灰度级像素的个数，则直方图均衡化可以用公式表示为

$$s = T(r) = \sum_{j=0}^{k} P_r(r_j) = \sum_{j=0}^{k} \frac{n_j}{n}, \quad k = 0,1,2,\cdots,L-1 \tag{1.1}$$

全局直方图均衡化的优势是计算量小、效率高，特别适合于增强整体偏暗或偏亮的图像[42]，但是针对整幅图像进行灰度统计操作的全局方法很难使每个局部区域都得到复原的最优值，不能适应输入图像的局部亮度特性，且处理后图像的灰度层次感降低。因此，许多学者陆续提出了局部直方图均衡化方法来解决这一问题，该方法得到了广泛的应用。

局部直方图均衡化的基本思想是将直方图均衡化运算分散到图像的所有局部区域，通过局部运算的叠加自适应地增强图像局部信息达到所需要的增强效果，适用于景深多变、对比度低的雾天图像增强处理，其缺点是存在局部块效应现象，而且计算量较大[43-45]。

随后，一些优化方法不断被提出，如文献[46]中提出了一种标准的自适应直方图均衡化方法(adaptive histogram equalization, AHE)；文献[47]中采用了分块迭代直方图的方法来提高图像的对比度，同时利用移动模板对图像的每个不同部分进行部分重叠局部直方图均衡化(partially overlapped sub-block histograms, POSHE)处理。Huang 等[48]提出了一种新颖的局部直方图均衡方法，该方法在保持亮度的同时提高了图像的对比度。Xu 等[49]建立了一种将图像增强和白平衡相结合的广义均衡化模型，该模型在图像增强、白平衡和色调校正等方面具有良好性能。Wang 等[50]采用直方图均衡化和小波变换(wavelet transform, WT)相结合的方法改善了图像的灰度分布，实现了图像增强。Xu 等[51]提出了一种对比度限制自适应直方图均衡化(contrast limited adaptive histogram equalization, CLAHE)方法，该方法可以限制噪声，提高图像的对比度。文献[52]和文献[53]中分别将 CLAHE 方法、维纳滤波(Wiener filter, WF)与有限脉冲响应滤波器(finite impulse response filter, FIRF)相结合来提高图像的对比度。后来，科研人员又提出了插值直方图均衡化方法，即通过线性插值的方法求取当前像素点的变换函数，克服

了非重叠子块直方图均衡所引起的“块状效应”，取得了良好的增强效果。

总之，直方图均衡化方法对灰度图像处理效果不错，但是对于彩色图像的处理效果一般，而且会导致某些雾天退化图像噪声放大。

1.3.2 Retinex 方法

Retinex 方法来源于 Retinex 理论，即视网膜大脑皮层理论，它是 Land 和 McCann 从人眼对颜色的感知特性出发建立起来的，其实质就是从图像中抛开照射光的影响来获得物体的反射性质，是一种描述颜色不变性的模型[54,55]。Retinex 理论认为，在视觉信息的传导过程中，人类的视觉系统对信息进行了某种处理，去除了光源强度和照射不均匀等一系列不确定的因素，而只保留了反映物体本质特征的信息，如反射系数等。依据照度-反射模型(如图 1.7 所示)，一幅图像可表示为反射分量和照度分量乘积的形式：

$$F(x,y)=R(x,y)I(x,y) \tag{1.2}$$

其中，$R(x,y)$ 表示反射分量，代表物体表面的反射特性；$I(x,y)$ 表示照度分量，取决于环境光照特性；$F(x,y)$ 是被接收的图像。$I(x,y)$ 决定图像的动态范围，$R(x,y)$ 决定图像的内在性质。基于 Retinex 理论，如果可以找到方法从 $F(x,y)$ 中估计出 $I(x,y)$，把反射分量从光照总量中分离出来，就能够降低入射分量对图像的影响，从而达到增强图像的目的。Retinex 方法具有锐化、颜色恒常性、动态范围压缩大、色彩保真度高等特点，其一般处理过程如图 1.8 所示，图中 Log 为对数运算，Exp 为指数运算，$f(x, y)$为 $F(x, y)$的对数运算结果，$i(x, y)$为 $I(x, y)$的对数运算结果，$r(x, y)$为 $f(x, y)$和 $i(x, y)$的差值。

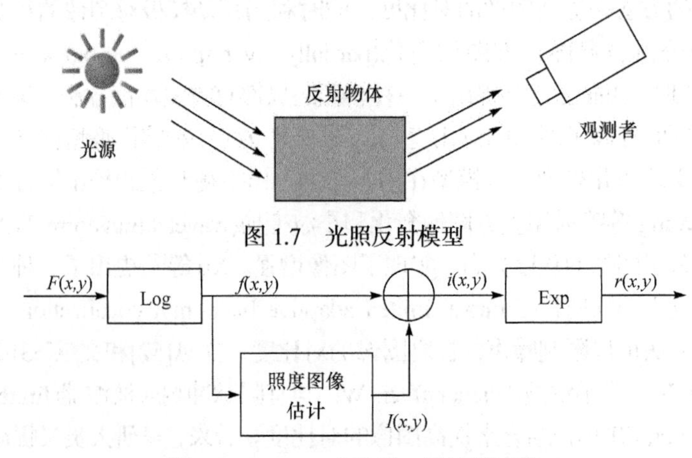

图 1.7 光照反射模型

图 1.8 Retinex 方法的一般处理过程

目前基于 Retinex 理论的主要方法有单尺度 Retinex(single scale Retinex, SSR)方法、多尺度 Retinex(multiple scale Retinex, MSR)方法，可用于对有雾图像进行增强处理。

SSR 方法[56]是 Jobson 等基于中心/环绕 Retinex 提出的，这种方法的本质是估计出环境亮度后计算得到反射图像。为了在动态范围的压缩和颜色恒常性之间达到很好的平衡，Jobson 等[57]又把单尺度方法扩展到多尺度，提出了 MSR 方法。由于反射图像基本不依赖于照度分量，所以可消除雾的影响。其对应原理的表达式如下：

$$r_i(x,y)=\log R_i(x,y)=\log F_i(x,y)-\log[G(x,y)*F_i(x,y)] \tag{1.3}$$

$$r_{\mathrm{MSR}i}(x,y)=\log R_i(x,y)=\sum_{k=1}^{N} w_k\{\log F_i(x,y)-\log[G_k(x,y)*F_i(x,y)]\} \tag{1.4}$$

式中，$F_i(x,y)$ 表示输入图像；$r_i(x,y)$ 表示 Retinex 的输出；$R_i(x,y)$ 为反射图像；i 表示不同的颜色通道；(x,y) 为图像中像素的位置；*为卷积运算符；N 表示尺度的数量，一般情况下为 3；w_k 表示加权系数；$G(x,y)=\mathrm{e}^{-(x^2+y^2)/c^2}$ 为低通卷积环绕函数，c 为高斯环绕尺度。

该方法融合了高斯函数与原图像进行卷积的优点，通过大、中、小三个尺度特征实现了动态范围压缩和颜色恒常，达到了较为理想的视觉效果。

然而，由于高斯滤波不具有良好的边缘保持性能，去雾后的图像中会存在边缘退化现象和光晕效应，影响了整体效果。为了尽可能减少这些影响，Xu 等[58]设计了一种均值漂移平滑滤波器(mean shift smoothing filter)，用于克服光照不均匀的问题并消除光晕现象。Yang 等[59]设计了一种自适应滤波器(adaptive filter)，通过结合子块的局部信息来估计照度分量。Hu 等[60]用双边滤波代替高斯滤波估计照度分量。在文献[61]中，一种新的多尺度 Retinex 彩色图像增强方法被提出，该方法根据当前位置的梯度方向确定高斯滤波器的长轴方向，可以在增强对比度的同时更好地保留原图像的颜色信息。Shu 等[62]也提出了一种基于子带分解(sub-band decomposition)的 MSR 图像增强方法。Fu 等[33]提出了一种 Retinex 变化框架，通过分解、增强和重组方法处理单幅水下图像的反射和光照信息。Zhang 等[63]采用一种改进的 Retinex 方法处理交通视频去雾，实验结果表明，该方法不仅可以去雾，而且可以提高交通视频图像的清晰度。此外，有研究者将 Retinex 变换与其他图像增强技术结合起来，通过对 Retinex 变换后的图像再次进行直方图均衡化或灰度拉伸处理以达到增强图像效果的目的。

Retinex 方法的优点是物理意义清楚，容易实现，不仅可以增加图像的对比度和明亮度，还可以缩小过大的灰度动态范围；同时不受光照非均衡性影响，可以增强亮暗区域的图像细节，对于彩色图像的增强和去雾处理有明显的优越性。但是，该方法利用高斯卷积模板进行照度分量估计，不具备边界保持能力，导致在像素值变化剧烈的边界区域，反射图像会产生光晕现象。MSR 方法对于原图像偏向于某种色调的情况处理效果不够理想，处理后的图像对比度减小，整体偏亮。

1.3.3　频域滤波方法

在雾天条件下，图像中的低频分量得到增强，因此可以用滤波的方法，用高通滤波器对图像进行滤波，达到抑制低频、增强高频的目的。基于频域的图像增强方法是借助傅里叶分析等变换手段，将图像转换成频域进行滤波操作，再将其反变换到空间域。典型的基于频域的方法包括同态滤波、小波变换、曲波变换。

1) 同态滤波

图像由照射分量和反射分量两部分组成，雾气对应的照射分量以空间缓慢变化为特征，而反射分量往往是景物中细节引起的突变，即照度与低频分量相联系，反射与高频分量相联系。滤除照度分量，便可以达到图像增强的目的。同态滤波结合频率过滤和灰度变换，利用压缩图像动态范围和增强对比度来改善图像的质量。

利用同态滤波的方法实现图像去雾的基本原理以照明-反射模型为基础，其具体流程如图 1.9 所示。图中，Log 为对数变换，FFT 为快速傅里叶变换，$H(u,v)$为频率滤波函数，IFFT 为快速傅里叶逆变换，Exp 为指数运算。

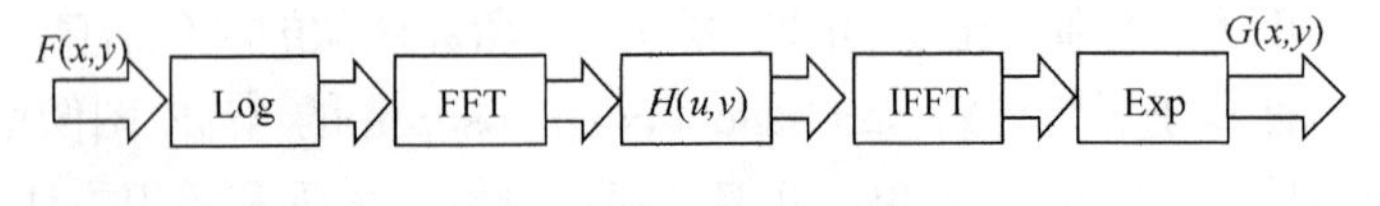

图 1.9　同态滤波流程图

Seow 等[64]利用同态滤波方法对彩色图像进行去雾处理，得到了很好的增强图像效果。Cai 等[65]提出了一种自适应同态滤波方法(self-adaptive homomorphic filtering)，并将其用于去除图像中小的云朵。

同态滤波方法的优点是能去掉由光照不均所产生的光斑和暗影，较好地保持图像的原貌；缺点是对图像的每个像素点采用了两次傅里叶变换、一次指数运算和一次对数运算，因此，运算量过大。

2) 小波变换

小波变换方法在时域和频域都具有表征信号局部特征的能力，在图像对比度增强方面的研究已取得了很大的进展，对雾天图像的细节有很好的锐化作用。利用小波变换进行图像增强的基本思想与同态滤波有相似之处，即利用了雾天图像雾霾的频谱主要分布在中低频区域，而景物细节信息分布在高频区域的原理。小波变换方法可对低频区域进行去雾滤波处理，同时增强高频区域的细节信息，以达到改善图像质量的目的。

小波变换的基本过程为：把基本小波(母小波)的函数 $\psi(t)$ 做位移 τ 处理，再在不同尺度 a 下与待分析信号 $x(t)$ 做内积，就可以得到一个小波序列：

$$WT_x(a,\tau)=\frac{1}{\sqrt{a}}\int_{-\infty}^{+\infty}x(t)\psi^*\left(\frac{t-\tau}{a}\right)\mathrm{d}t,\quad a>0 \tag{1.5}$$

它在频域中的等价表达式是

$$WT_x(a,\tau)=\frac{\sqrt{a}}{2\pi}\int_{-\infty}^{+\infty}X(\omega)\Psi^*(a\omega)\mathrm{e}^{\mathrm{j}\omega\tau}\mathrm{d}\omega \tag{1.6}$$

式中，$X(\omega)$ 和 $\Psi(\omega)$ 分别为 $x(t)$ 和 $\psi(t)$ 的傅里叶变换。

多尺度分析和多分辨率的特性是小波变换在图像对比度增强上的优势。Grewe 等[66]利用小波分析的方法将多幅雾天降质图像进行融合处理，获得了一幅高质量、视觉效果较好的清晰图像，但是该方法不能真正地对图像进行去雾处理。Russo[67]对降质图像进行了多个尺度上的均衡化，取得了较好的细节锐化效果。Du 等[68]假定雾霾分布在低频区，引入一种基于单一场景的雾掩膜方法，利用小波分析对模糊图像进行分解。然而，这种方法的应用仅限于冰雪场景。Zhou 等[69]认为雾主要是在低频区，而场景细节都在高频区，因此通过对低频区进行滤波、对高频区进行增强以达到改善图像质量的目的。Zhu 等[70]在应用小波变换进行图像去雾后，通过 SSR 方法提高色彩真实性，最终获得预期的无雾图像。Anantrasirichai[71]等提出了一种基于双树复小波的区域融合方法(dual tree complex wavelet transform, DT-CWT)，通过减小大气畸变的影响提高图像的清晰度。John 等[72]利用小波融合理论对低质量视频的前景和背景像素进行处理，提出了一种基于小波增强天气退化视频序列的方法，取得了良好的效果。

小波分析的优势在于局部分析细化，能够在空域和频域都具有良好的局部特性，有利于分析和突出图像的细节，主要应用场合是红外图像和医学图像增强处理；缺点是无法解决光照过亮、过暗或光照不均的问题。

3) 曲波变换

曲波变换是基于小波变换而发展起来的多尺度分析方法，能克服小波变换在增强图像的曲线边缘方面的局限性。目前，应用曲波变换能够对雾天图像进行自动去雾处理。Starck 等[73]在小波变换的基础上提出了曲波变换的多尺度分析方法，并与小波变换方法做了详细比较，体现了该方法在彩色图像增强上的优越性；他发现，基于曲波的增强方法对含噪声图像具有良好的增强效果，但在无噪声或接近无噪声图像中，基于曲波变换的图像增强效果不如小波变换。Verma 等[74]实现了一种有效的方法，该方法通过曲波变换增强了图像的清晰度，从而从模糊的图像中提取出清晰的图像。

虽然曲波变换方法能通过增强细节边缘提高图像质量，但不能从实质上去除雾的干扰，一般应用在合成孔径雷达(synthetic aperture radar, SAR)和陶瓷显微图像增强方面。

总之，图像增强的主要目的在于满足人眼的视觉效果或者更方便计算机的识别。它不考虑图像降质的原因，并不是实质上的去雾处理，只是按特定的需要突出一幅图像中的某些信息，同时削减或去除某些不需要处理的信息。对彩色图像的增强去雾处理，一般难以达到令人十分满意的效果。

1.4 基于图像融合的方法

图像融合是将多个信源相关信息融合成高质量图像的过程，其目的是最大限度地从每个通道提取信息，提高图像信息的利用率。这些方法近年来也被用于图像去雾，其细节如下所述。

1.4.1 基于多光谱图像的融合

近红外光(near-infrared, NIR)的波长较长，具有比可见光更强的穿透能力，因而被空气中的微粒散射较少。近红外光谱图像可以使用改进的数码相机获得[75]，或通过一个红外相机和一个可见光相机同时捕捉几幅不同特性的图像后合成得到。

Schaul 等[76]利用近红外图像对雾霾不敏感的事实，提出了一种利用可见光和近红外图像融合去雾的方法。该方法中，边缘保持的多分辨率分解优化框架被应用到基于加权最小二乘(weighted least squares, WLS)的可见光和近红外图像融合之中，通过一个像素级融合准则来最大限度地提高图像的对比度。此方法的优点是不需要对雾和大气光进行检测，也不需要产生深度图，通过一种边缘保持滤波器的多分辨率方法实现去雾。图 1.10 为可见光与红外图像融合去雾的一个例子，其中图(a)、(b)、(c)分别是可见光图像、红外图像和去雾后图像，可见(c)图融合了(a)和(b)图的信息，可视效果好。与文献[76]相比，文献[77]首先对可见光图像和红外图像进行了处理，然后用一种融合策略完成图像去雾。文献[78]中提出了一种两步去雾方案：第一步利用 RGB 与近红外光谱之间的差异进行大气光值估计；第二步利用 NIR 图像的梯度约束优化框架进行图像去雾，该方法也取得了良好的效果。

图 1.10 多光谱图像融合去雾

(a)可见光图像；(b)近红外图像；(c)去雾后图像

这类方法的优点是不需要检测雾和大气光值，不需要深度图，缺点是多光谱图像需要进行配准，且去雾后图像容易存在光晕效应。

1.4.2 基于单幅图像分解的融合

Ancuti 等[79-81]首次揭示了基于单幅雾霾图像分解的融合技术在图像去雾中的实用性和有效性。其中，两个待融合图像都来源于原始雾霾图像 $I(x)$，且这些输入由三个归一化权重(亮度(luminance)、色度(chromatic)和显著性(saliency))进行加权，最后以多尺度方式混合，避免了伪影的引入。

第一个待融合图像 $I_1(x)$ 是对原始雾霾图像进行白平衡获得的，第二个待融合图像 $I_2(x)$ 是按照如下表达式用原始图像减去平均图像获得的：

$$I_2(x)=\gamma(I(x)-\overline{I}(x)) \tag{1.7}$$

式中，γ 是雾霾区域中随亮度线性增加的调节因子。

为了平衡每个输入的贡献，确保获得高对比度的区域，该方法引入了三种权重图(weight maps)：亮度权重图 $(W_{\mathrm{L}}^k(x))$、色度权重图 $(W_{\mathrm{C}}^k(x))$ 和显著性权重图 $(W_{\mathrm{S}}^k(x))$，其中 k 是输入的索引编号。

假定最终权重 W^k 由这些处理过的权重 W_{L}^k、W_{C}^k 和 W_{S}^k 相乘得到，那么输出图像 F 的每个像素 x 就是输入图像 I_k 跟相应的归一化权重 W^k 乘积的和：

$$F(x)=\sum_k \overline{W}^k(x)I_k(x) \tag{1.8}$$

式中，I_k 代表输入(k 是输入的索引)；$\overline{W}^k=W^k/\sum\limits_k W^k$ 是归一化的权重。

利用高斯-拉普拉斯金字塔(Gaussian and Laplacian pyramids)，以上等式变为

$$F_l(x)=\sum_k G_l\{\overline{W}^k(x)\}L_l\{I_k(x)\} \tag{1.9}$$

式中，l 代表金字塔的层数；$G\{\ \}$ 和 $L\{\ \}$ 分别为高斯函数和拉普拉斯函数。

最终，对给定输入(金字塔的层数)的贡献求和即可得到去雾后的图像 J：

$$J(x)=\sum_l F_l(x)\uparrow^d \tag{1.10}$$

式中，$\uparrow^d$ 为上采样算子，满足系数 $d=2^{l-1}$。

这种技术的重点是恢复潜在的图像信息，不估计大气光值和透射率，也不再需要后续处理步骤，因此具有较高的计算效率。

后来，这种方法经过改进被用于水下图像增强[82]。在文献[83]中，两幅待融合的图像通过分别对雾霾图像进行线性变换和导向滤波获得。在文献[84]中，基于暗原色先验理论分别利用单点像素和块操作获得两幅图像，利用图像融合方法实现了去雾。该方法能够单独处理模型组件以提高图像清晰度。在文献[85]中，两幅待融合图像通过对雾霾图像分别进行白平衡和对比度拉伸处理获得，无雾图像通过适用于雾浓度、显著性特征和曝光程度的融合策略有效地获得。在文献[86]中，采用了一种基于融合的策略，即将初始恢复图像与具有足够细节和颜色信息的图像结合起来，使得融合后的图像比输入图像信息更丰富，表观更“自然”。

这些方法都采用融合策略从原始图像中提取两幅图像进行处理，优点是图像完全对齐无须配准，缺点是这种技术仅限于处理彩色图像。

1.5　基于图像复原的方法

基于模型的去雾方法是从图像复原角度出发的，需要考查图像退化原因，对大气散射作用进行建模分析，实现场景的复原。在该类方法中，退化图像的物理模型是基础。早前许多研究学者利用图1.11所示的一般模型进行图像复原。图中，$f(x)$为输入图像，$h(x)$为退化函数，$n(x)$为噪声，$g(x)$为输出的退化图像，$h'(x)$为恢复函数，$f'(x)$为恢复图像。该线性时不变系统一般表示为

$$g(x)=f(x)*h(x)+n(x) \tag{1.11}$$

式中，*表示卷积。

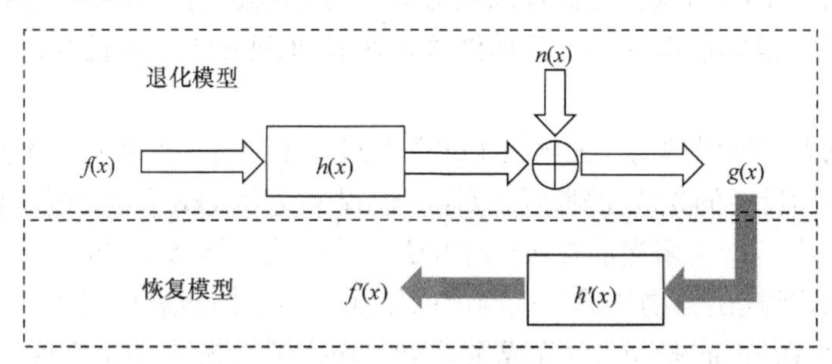

图1.11　退化与恢复模型

在上述降质模型确立后，图像复原的任务就是在已知退化图像$g(x)$、点

扩散函数 $h(x)$ 和噪声 $n(x)$ 的情况下，求出原始图像(这里的 $h(x)$ 和 $n(x)$ 有时并非已知)。从上述降质模型中可以看到，图像的降质过程是一个正问题，而图像的复原过程是一个较为复杂的反问题。直接将此模型用于对雾天降质图像的复原，主要存在以下几点困难：

(1) 缺乏整体性考虑。在实际中，上述系统常常被近似描述为线性位移不变系统，由于该模型未将雾天图像降质的物理过程及退化机理考虑在内，且忽略了天气因素对图像成像过程的影响，因而无法较为准确且普遍地反映雾天图像降质的本质，难以求解。

(2) 难以表达退化函数。借助此模型复原场景时，天气条件作为随机因素，会引起复杂的图像污染过程和机理，用统一的退化函数表达不同雾气浓度的天气过程是非常困难的，会对退化图像中噪声幅值的估计引入较大误差。

(3) 不具备针对性。作为图像降质的一般模型，其适用范围是抽象意义上的各种退化图像。但是导致图像退化的确定因素与随机因素很多，周围环境的影响(如雾天)只是其中的一个原因。因此，在图像去雾这一具体的实际应用中使用该高度抽象的模型不仅很复杂，而且甚至是难以实现的。

综合可知，需要深入分析导致雾天拍摄图像发生退化的原因，尤其是从雾天成因入手，建立专门针对雾天降质图像的退化模型，以便获取最优的去雾复原效果。

自 1998 年 Oakley 等[87]利用 Mie 大气散射定律对恶劣天气的图像去雾做了一些探索性工作至今，基于模型的方法已成为图像去雾处理领域研究的重要方向。目前，国内外的一些研究人员基于大气散射理论对雾霾等恶劣天气条件下的图像退化机理以及雾天图像建模进行了深入的分析，提出了一些基于退化模型的雾天降质图像清晰化处理方法，并且取得了较大的进展。

根据大气散射理论，大气粒子的散射过程主要分为两类：一类是指场景中物体表面反射的光能在到达传感器的过程中受大气粒子的散射而衰减的过程；另一类是指太阳光能被大气中的悬浮粒子散射后到达传感器的过程。McCartney[88]提出景物的成像机制可以用如下两个模型进行描述，即入射光衰减模型(Attenuation)和大气光成像模型(Airlight)，它们是雾天图像呈现模糊、低对比度等特点的理论基础，是了解雾天图像的退化机理，还原大气退化图像的主要依据。图 1.12 是大气散射模型示意图。

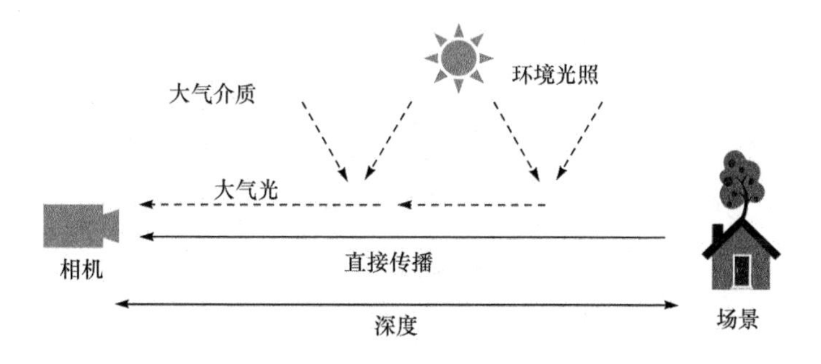

图 1.12 大气散射模型示意图

入射光衰减模型描述了从景物点所反射的光(入射光)传播到接收装置的衰减过程。图 1.12 中，场景到接收装置之间的实线表示衰减后的光线。入射光散射的衰减原理如图 1.13 所示。

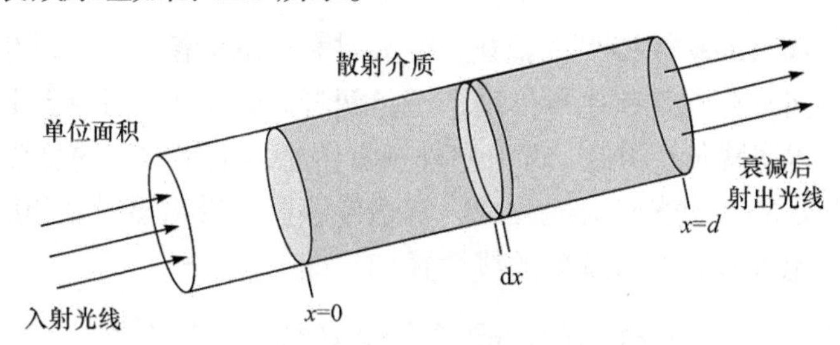

图 1.13 入射光散射衰减原理

假设一束准直射光入射到大气介质中，当入射光线通过该单元区域(阴影部分)后，光线的能量最终可表达为

$$E_d(d,\lambda)=E_0(\lambda)\mathrm{e}^{-\beta(\lambda)d} \tag{1.12}$$

式中，λ 为可见光的波长；d 为场景到接收面的距离，即场景深度；$\beta(\lambda)$ 为大气散射系数；$E_0(\lambda)$ 是 x=0 处的光束辐射度。

光路上半径较大的大气颗粒对周围环境的入射光同样有反射作用，因此会有部分光沿着观察路线射向接收装置，这部分光照可以看成由大气产生的光源，称为大气光(图 1.12 中的虚线所示)。假设大气光的方向、强度、光谱未知，沿着观察者视线方向传播的是能量恒定的光线。大气光成像模型如图 1.14 所示。

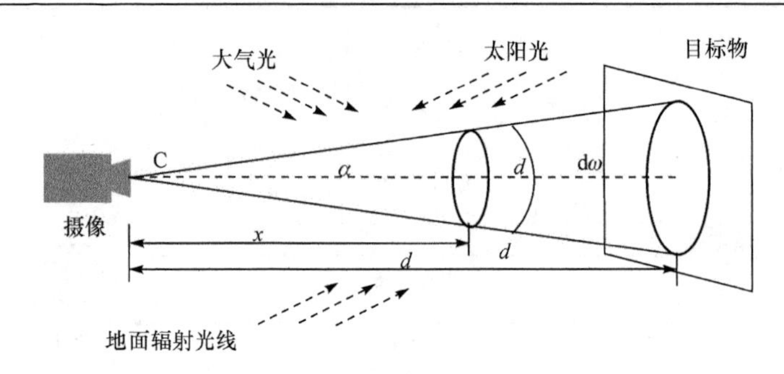

图 1.14 大气光成像模型

基于图 1.14 模型，设定 $E_\infty(\lambda)$ 表示无穷远处大气光的辐射度，则到达摄像机处的大气光辐射度可以表示为

$$E_a(d,\lambda)=E_\infty(\lambda)(1-\mathrm{e}^{-\beta(\lambda)d}) \tag{1.13}$$

根据 McCartney 模型[88]的描述，雾天时大气散射模型中衰减模型和大气光成像模型同时存在且起主导作用，正是两者同时作用，才导致目标图像的对比度和分辨率降低。因此，雾天户外视觉传感器上接收到的总辐射度(总强度)，可以等效成入射光经大气衰减后到达传感器的景物辐射光和周围环境中的各种散射光进入成像系统后的线性叠加，即

$$E(d,\lambda)=E_0(\lambda)\mathrm{e}^{-\beta(\lambda)d}+E_\infty(\lambda)(1-\mathrm{e}^{-\beta(\lambda)d}) \tag{1.14}$$

式中，等号右边第一项是直接衰减项，描述了场景目标反射光在介质中衰减的结果；第二项反映了全局大气光的散射导致杂散光成像的情况，该项会导致图像景物颜色的偏移。基于此方法进行的图像去雾，便是通过相关方法去除环境光对图像的影响，再求出衰减程度，从而恢复图像真实信息，包括其图像细节与色彩。令 $I(x)=E(d,\lambda)$ ，$J(x)=E_0(\lambda)$ ，$t(x)=\mathrm{e}^{-\beta(\lambda)d}$ ，$A=E_\infty(\lambda)$ ，可得到雾天图像光学模型为

$$I(x)=J(x)t(x)+A(1-t(x)) \tag{1.15}$$

从大气散射模型中可以看出，退化模型中有多个未知参数($J(x)$ 和 $t(x)$)，显然是个病态求解问题，需要主观判断进行参数调节。一般来讲，若想估算 E_0 ，必须先估算得到场景深度信息 d 及雾的属性信息。近年来，很多学者提出的图像去雾方法都是以式(1.15)为原型，取得了大量的令人满意的结果。这类方法中比较有代表性的有利用多幅图像的偏振光方法、基于深度信息的方法及基于先验知识的方法。

1.5.1　基于附加信息的单幅图像去雾方法

1. 已知深度信息的单幅图像去雾方法

该方法最早由英国曼彻斯顿大学的 Oakley 和 Satherley[87]提出，他们在假设场景深度已知的前提下提出了基于多参数统计的退化模型，通过估计出的像素点散射和反射权值对散射衰减进行补偿，取得了良好的复原效果。该方法在最初提出时只针对灰度图像，而后经过 Tan 等[89, 90]的改进：通过深入研究图像对比度降质与波长的关系来实现彩色退化图像的复原，被拓展至彩色图像领域。在此研究基础上，Robinson 等[91]构建了一个动态实时系统，该系统在每个颜色通道内根据大气散射模型减掉估计的环境光成分，以实现对比度的补偿。

后来，Hautière 等[92-94]针对车载光学传感系统，在雾天路面的能见度与图像的对比度间建立联系，通过将场景各点的深度值建模为图像平面上的欧氏距离函数来计算场景点的深度，利用三维地理模型进行去雾。Kopf 等[95]利用地图提供基本地形情况，在已知大量信息(深度、纹理)的前提下，构建场景的三维模型，利用获得的深度信息值及图像颜色和纹理模型结构关系，为雾霾曲线(haze curve)估计一个稳定值，然后利用去雾模型达到去雾目的。

此类方法是建立在场景深度已知的前提下，复原图像效果不错，但是针对性强，主要用于航拍图像。若将该方法应用到其他图像，则需要价格昂贵的雷达和其他距离传感器或已有数据库，以获得精确的场景深度信息，它对硬件要求高，严重限制了实际应用。

2. 基于用户交互的单幅图像去雾方法

Narasimhan 等[96]提出了一种单幅雾天图像的交互式复原方法，该方法首先需要用户交互输入图像中的天空区域或者受到天气严重影响的区域，人为指定最大和最小景深区域，得到粗糙的深度信息，然后利用交互式景深估算出场景的景深，最后利用大气散射物理模型求得复原图像，其去雾例子如图 1.15 所示。孙玉宝等[97]假定场景深度变化平缓，把大气散射模型(式(1.15))简化为单色的模型，通过用户交互操作获取天空区域以及场景最大和最小景深区域，获得粗糙的深度信息，通过求解偏微分方程实现去雾。

(a) 雾霾图像 (b) 去雾后图像

图 1.15 基于人机交互的图像去雾[96]

这类需要与用户交互的去雾方法对视觉效果和对比度都有明显的增强，但是缺点也很明显，即需要一定程度的用户交互操作，无法做到自动和实时处理。

3. 基于机器学习的图像去雾方法

近年来，基于机器学习的方法已被用于雾天图像去雾[98]。例如，Gibson等[99]探讨了从给定的数据集中学习雾浓度的思路，构建了一种基于示例的学习方法，获得了大气的物理参数。Zhu 等[100, 101]提出了一种简单而有效的先验颜色衰减方法，建立了雾霾图像场景深度的线性模型。在这种方法中，首先需要建立的一个线性模型为

$$d(x)=\theta_0+\theta_1 v(x)+\theta_2 s(x)+\varepsilon(x) \tag{1.16}$$

式中，x 为图像中像素点的位置；d 为场景深度；v 为雾霾图像的亮度；s 为饱和度；$\theta_0,\theta_1,\theta_2$ 为未知的线性系数；$\varepsilon(x)$ 为随机误差。假定存在一个均值为零、方差为 σ^2 的高斯分布 ε，那么根据其属性，$d(x)$ 可表示为

$$d(x) \sim p(d(x)\,|\,x,\theta_0,\theta_1,\theta_2,\sigma^2)=N(\theta_0+\theta_1 v+\theta_2 s,\sigma^2) \tag{1.17}$$

对包含 500 个训练样本的集合进行有监督地学习，可得到线性模型的各个参数 $\theta_0=0.121779$，$\theta_1=0.959710$，$\theta_2=-0.780245$，$\sigma=0.041337$，从而建立雾霾图像与其深度图之间的桥梁。利用恢复的深度信息，可以很容易地从

单个模糊图像中去除薄雾。该方法运行速度快，效果良好，但训练过程复杂，参数过于依赖训练数据。

1.5.2 多幅图像去雾方法

深度或详细信息可以使用同一场景下的两幅或多幅不同的图像来估计。多幅图像去雾方法根据原理可分为两类：不同偏振条件的多幅图像去雾方法和同场景不同天气条件的多幅图像去雾方法。

1) 不同偏振条件的多幅图像去雾方法

以 Schechner 为代表的研究者对光的偏振特性进行了深入的研究[102]，认为目标反射光没有偏振特性，而天空光经过大气气溶胶散射后具有一定的偏振特性，因此可利用天空光的偏振特性拍摄同一场景的不同偏振角度的多幅图像来求取偏振度，进而复原退化图像。

为了描述方便，公式(1.14)变形如下：

$$I = J_{\text{object}} e^{-\beta(\lambda)d} + A_{\infty}(1 - e^{-\beta(\lambda)d}) = J + A \tag{1.18}$$

这类模型的基本实现过程如下。

首先，定义一个全局的与图像中的场景深度无关的参数：偏振度(degree of polarization, DOP)。设定 $A^{\perp}$ 和 A^{Π} 分别是大气光平行入射光部分和垂直入射光部分($A^{\perp} > A^{\Pi}$)，则大气光的偏振度定义为

$$P_A = \frac{A^{\perp} - A^{\Pi}}{A} \tag{1.19}$$

然后，在不同偏振光条件下，偏振成像系统接收到的光 I 也可以分解为 I^{Π} 和 $I^{\perp}$ ($I^{\perp} > I^{\Pi}$)，场景景物的偏振度定义为

$$P_J = \frac{I^{\perp} - I^{\Pi}}{I} \tag{1.20}$$

由于实际采集得到的两个正交偏振方向的图像分别为 $I^{\Pi} = J/2 + A^{\Pi}$ 和 $I^{\perp} = J/2 + A^{\perp}$ ，则可计算得到大气光值

$$A = \frac{I \times P_J}{P_A} \tag{1.21}$$

晴天下图像的灰度为

$$J_{\text{object}} = \frac{I(1 - P_J / P_A)}{1 - (I \times P_J)/(A_{\infty} \times P_A)} \tag{1.22}$$

由分析可知，通过两个以上任意偏振方向的图像即可计算得到 P_J 和 I，通过估计场景中无穷远处的偏振图像可得到 A_∞ 和 P_A，最终可以获得去除雾天天气影响后的清晰图像。

Schechner 等[102,103]首先分析了雾天图像的成像过程，并介绍了基于大气散射的偏振作用的物理原理及其应用，通过调整偏振器的偏振方向(平行于大气光方向和垂直于大气光方向等)获得两张或两张以上图像，利用得到的图像恢复场景的对比度和正确的颜色，估计出大气光的偏振系数，再通过偏振系数计算出场景的光学深度，然后根据大气散射物理模型推算出清晰的自然图像，并得到场景的深度图和大气粒子属性。实验结果摘录如图 1.16 所示。该方法主要依赖于无限远处天空的信息(此处直接传播部分基本为零)，在应用时具有一定的局限性。随后，Shwartz 等[104]提出了一种盲雾分类方法，用于解决基于天空信息中估计参数的局限性，即在忽略天空信息的情况下，通过假设图像的某些部分中大气光分量和直接透射(direct transmission)分量的不相关性及这些区域的深度的改变，利用独立分量分析方法(independent component analysis, ICA)从观测图像中恢复大气光分量等相关数据信息，从而改进图像的能见度和色彩度，达到去雾的目的。

(a) 图像 I^{Π}　(b) 图像 $I^{\perp}$

(c) 深度图　(d) 去雾后图像

图 1.16　基于偏振光的去雾[102]

另外，Shwartz 对去雾过程中引入的噪声进行了处理，在得到透射率分布和环境光强度后，根据大气散射模型对降质图像进行反演复原，他认为噪声与距离有关，使用了正则化方法、距离有关自适应权值[105]和贝特纳米流方法[106]去除噪声。

Liu 等[107]在对偏振角分布情况进行分析的基础上，提出了一种基于增强图像对比度和可视化范围的偏振光去雾方法。Fang 等[108]提出了一种合成最优偏振差异(polarized-difference, PD)图像的有效方法，通过考虑光的偏振效应和联合成像过程中的目标辐射，建立了一种新的雾霾图像成像模型。Namer 等[109]在分析了几种大气光估计方法后，提出了一种基于独立成分分析方法进行偏振度盲估计(blind estimation)的思路。Treibitz 等[110]利用信噪比(signal-to-noise ratio, SNR)对去雾效果进行评估，实现了对不同偏振角度滤波器的定量分析。Li 等[111]提出了一种适用于雾状条件下偏振分析图像的质量评价方法。Miyazaki 等[112]提出了一种由两个已知物体在不同距离上的偏振信息估计雾霾参数的方法，并利用得到的参数去除图像中的霾效应。有些方法还可以应用于水下图像的复原[113-115]，不仅可以恢复出清晰的图像，而且可以增强场景的结构信息。

这类方法非常依赖天空光的偏振度，在薄雾去除方面，可取得良好效果，但在浓雾时或在天空光偏振特性不明显时，由于场景信息判断不准确，效果会大打折扣。总体上看，以上方法都取得了优异的效果，但其最大的局限性在于要想在一个不连续的时间内获得除天气情况外或者除偏振方向外完全相同的场景几乎是不可能的，且耗费大量冗余时间，不利于图像的实时恢复，阻碍其实际应用。

2) 同场景不同天气状况的多幅图像去雾方法

这类方法通过拍摄不同天气状况下的两幅同一场景图像来获得图像中隐含的场景深度信息，进而估计实际的物理场景。例如，Narasimhan 和 Nayar[116-120]从多个不同的角度对提取场景深度信息的方法进行了研究：通过对不同天气条件下获得的图像进行分析发现，不同场景下的图像亮度和颜色变化主要取决于大气光或者大气悬浮颗粒的相互作用；在无法获得大气散射物理模型中多个参数的情况下，利用两幅或多幅不同天气下获得的退化图像，提出针对大气散射对色彩影响的几何框架，并将它应用到雾天图像中推算出场景内颜色改变的几何约束，将这些约束与大气散射模型相结合，计算出雾霾颜色、景深，还原场景真实信息。这一方法取得了良好效果，如图 1.17 所示。

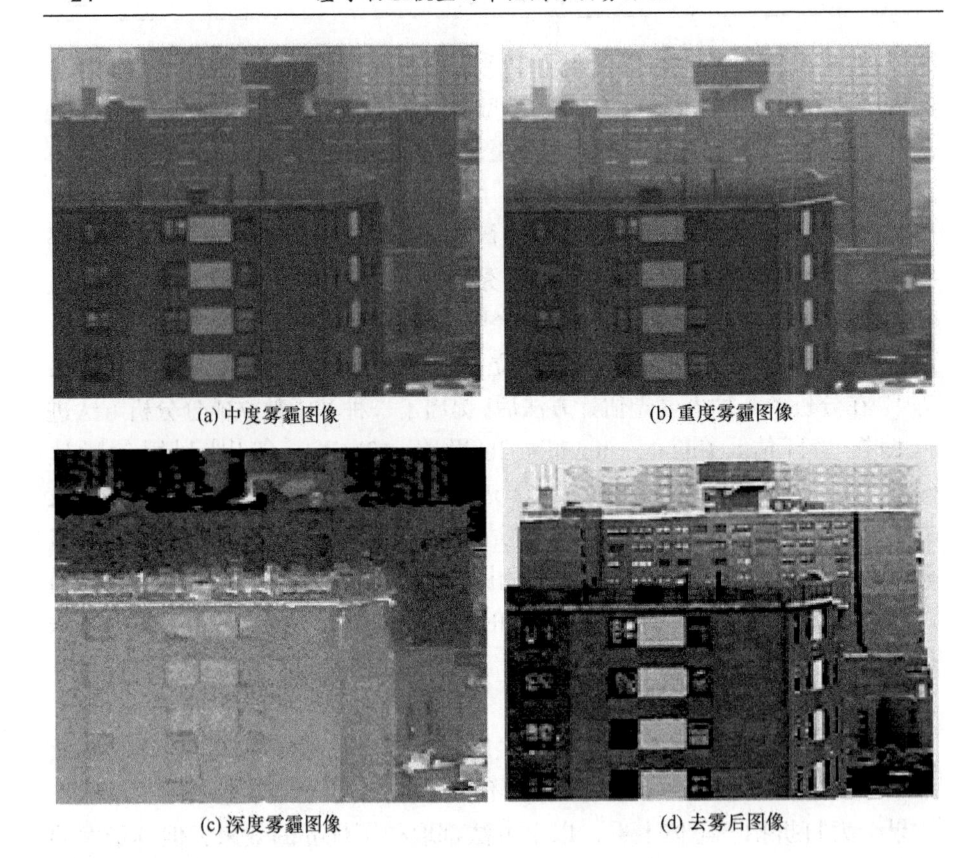

(a) 中度雾霾图像　(b) 重度雾霾图像

(c) 深度雾霾图像　(d) 去雾后图像

图 1.17　不同天气情况图像去雾效果[117]

Narasimhan 等[116]着重分析了雾天中大气对成像的影响，提出了二色大气散射模型，将大气散射作用引起的图像降质过程描述成一个关于景点的颜色、深度和环境光交互影响的函数，并构造出图像中雾气浓度和景物深度的结构。该模型考虑了大气散射作用对波长的依赖性，它需要一幅清晰的场景图像。为了避开这个约束条件，Narasimhan 等[117]开展了进一步的研究，他们基于二色大气散射模型，利用不同天气采集的降质图像场景颜色改变量作为约束条件，通过对退化图像场景颜色改变量的使用，提出了复原三维场景结构和场景颜色信息的有效方法，并将其扩展到彩色图像。随后，他们继续开展研究，提出通过两幅同一场景不同天气的图像构建场景深度信息的方法[118]；通过搜索深度不连续的地方，从多幅雾天拍摄的图像中计算场景结构，并增强图像对比度，恢复出清晰图像[119]。

Sun 等[121]对 Narasimhan 和 Nayar 的方法进行了改进，将原来对浓度、散射系数与雾的彩色信息以一种全局方式进行分配的模式变成了局部分配的模式；对大气退化方程求偏导数后得到与深度相关的梯度场，通过对构造的泊松方程求解来实现对雾天降质图像的复原。上述复原方法都需要在不同天气条件下获得同一场景的多幅图像，然而在实际应用中却很难实现，因此在实际中难以应用和推广。陈功等[122]利用同一位置的晴天和雾霾天气条件下的两张图像，对雾天场景进行光学建模，计算出两张图像对应点的景深像素值比，再利用大气散射物理模型求得复原图像。

Wu 等提出了一种基于数据驱动的方法(data-driven approach)[123]，通过观测同一场景中不同等级的雾来得到估计的场景深度，类似 Narasimhan 等的工作[116]。该方法还提供了一个适应场景中变化的分割步骤，可以较好地表达模糊区域。

综上可知，这类方法简单，可以达到较好的去雾效果，但是需要通过不同天气下同一场景的多幅图像来获取场景深度，条件苛刻，难以在短时间内实现图像去雾处理，不能用于实时监控情况。

1.5.3 基于先验知识的去雾方法

无论是假设场景深度已知、利用雷达辅助获取景深信息，还是利用同一场景的多幅图像，在实际应用中都因其自身局限性受到很大限制。近年来，国内外学者对借助一些先验知识的单幅图像去雾方法进行了广泛而深入的研究，取得了卓越成绩，为图像处理领域的智能化发展又增添了新的活力[124]。几类经典的方法如下所述。

1) Tan 方法

最早受到关注的是 Tan 在 2008 年提出的单幅图像去雾方法[125]，该方法基于两个先验条件：一个是晴天无雾图像相比雾天图像的对比度高；另一个是场景的衰减程度是与距离相关的连续函数，且趋于平滑。Tan 首先利用光色度，通过分离图像亮度的每个颜色通道把输入图像大气光的颜色转变为白色：

$$I'(x)=J'(x)t(x)+A(x)\begin{bmatrix}1\\1\\1\end{bmatrix} \tag{1.23}$$

式中，$I'(x)$ 为色度标准化后的图像；$J'(x)$ 为其对应的去雾图像;标量 $A(x)=(A_r+A_b+A_c)(1-t(x))$。

然后，基于第一个先验条件构造了一个关于边缘强度的代价函数，公式表示为

$$C_{\text{edges}}(I)=\sum_{x,c}\left|\nabla I_c(x)\right| \tag{1.24}$$

式中，$c\in\{R,G,B\}$ 为 RGB 三色通道；∇ 为微分算子。

基于第二个先验条件，大气光求解通过采用马尔可夫随机场(Markov random fields，MRF)得到。MRF 的势函数为

$$E(\{A_x\}\mid P_x)=\sum_{x}\phi(P_x|A_x)+\eta\sum_{x,y\in N_x}\psi(A_x,A_y) \tag{1.25}$$

式中，$\phi(P_x|A_x)$ 为数据项；$\psi(A_x,A_y)$ 为平滑项；P_x 为以 x 为中心的图像块，每个块中 A_x 为常数；η 为平滑项的强度；N_x 为像素 x 的邻域。

最后使用图分割方法来最大化 Gibbs 概率分布，即可求出 A 值和透射率分布，从而复原出图像。

然而，该方法只是通过最大化局部对比度的方法来实现图像去雾，景深突变处易产生严重的“光晕”效应，而且对于雾霾比较重的图像，去雾后图像颜色过于饱和。

基于同样的假设，Ancuti 等[126]提出了另一种优化去雾技术，更好地保持了原来颜色的空间分布和局部对比度，该方法适合于解决基于局部特征点的图像匹配等具有挑战性的问题。

为了解决 Tan 方法存在的过增强问题，受 Bertalmío 方法的启发[127]，Galdran 等[128,129]提出了一个感知启发下的变分框架(perception-inspired variational framework)，对单幅图像的去雾不再需要对场景深度结构进行估计。该方法执行空间变化的对比度增加，有效地去除了远处区域的雾霾。

2) Fattal 方法

Fattal[130]基于物体的表面反射率(surface shading)与传播衰减率(transmission map)之间是互不相关的先验条件，采用独立分量分析(ICA)和马尔可夫随机场模型，估算场景反照率(surface albedo)，从而将得到的衰减率用于恢复场景点真实信息。

首先将未知清晰图像 J 中的每个像素建模为表面反射系数 R 和一个遮蔽因子 l 的乘积，即 $J=Rl$，则公式(总模型)变形为

$$I(x)=t(x)l(x)R+(1-t(x))A \tag{1.26}$$

然后，将 R 分解为平行于大气光值 A 的部分和垂直于 A 方向的残差向量 $R'\in A_{\perp}$，则可以获得传输率的公式：

$$t(x)=1-(I_A(x)-\eta I_{R'}(x))/\|A\| \tag{1.27}$$

式中，$I_A(x)$ 和 $I_{R'}(x)$ 分别为输入图像沿着大气光 A 方向和 R' 方向的投影；$\eta=\langle R,A\rangle/(\|R'\|\|A\|)$ 为大气光的度量；$\langle\ ,\ \rangle$ 表示在 RGB 空间的标准三维点乘。

最后，结合先验知识，采用独立分量分析和马尔可夫模型相结合的方式，求出传输函数 $t(x)$，通过图像退化模型的逆过程得到无雾清晰图像。

该方法在有足够颜色信息的前提下，能够取得良好的去雾效果。浓雾时，景物颜色被雾气遮挡，导致图像颜色信息不足，此时 Fattal 方法失效，从而使复原图像有较大失真。

在随后的工作中，Fattal[130, 131]基于自然图像中颜色线(color-line)的正则性提出了另一种单幅彩色图像去雾方法，同时设计了一种具有大范围耦合特性的增广高斯-马尔可夫随机场(Gaussian Markov random filed, GMRF)模型，以便更精确地解决单个像素的传输率问题。

3) Kratz 方法

Kratz 等[132]提出的方法与 Tan[135]的方法有关，该方法假设有雾的图像是由场景反照率和场景深度两个独立的层组成的，并利用阶乘马尔可夫随机场(factorial Markov random field, FMRF)思想建模，最终得到了较为准确的深度信息。

在文献[125]中，等式(1.15)变形如下：

$$\ln(L_\infty^{-1}I(x)-1)=\ln(\rho(x)-1)-\beta d(x) \tag{1.28}$$

式中，$\rho(x)$ 为反照率信息；$d(x)$ 为深度信息。

设 $\tilde{I}(x)=\ln(L_\infty^{-1}I(x)-1)$，$C(x)=\ln(\rho(x)-1)$，$D(x)=-\beta d(x)$，式(1.28)可表示为

$$\tilde{I}(x)=C(x)+D(x) \tag{1.29}$$

式中，$C(x)$ 和 $D(x)$ 分别代表场景反照率和场景深度，两者在统计上相互独立。如果用 $p(C)$ 和 $p(D)$ 表示先验知识，那么 $C(x)$ 和 $D(x)$ 可以通过最大后验概率(maximum posterior probability, MPP)计算得到:

$$\arg\max_{\tilde{\rho},\tilde{d}} p(C,D|\tilde{I})=\arg\max_{\tilde{\rho},\tilde{d}} p(\tilde{I}\mid C,D)p(C)p(D) \tag{1.30}$$

采用该方法能够得到具有良好边缘细节的清晰图像，但也会存在处理的图像的一些像素饱和度过于饱和。

后来，Kratz 等[132]的方法得到拓展。Nishino 等[133]引入一种新颖的贝叶斯概率方法，通过从单幅有雾图像应用 FMRF 建立有雾模型来联合估计场景反照率和场景深度。实验结果表明，该方法能取得良好的去雾效果。然而，一些特殊场景的先验知识统计需要假设在一阶马尔可夫随机场模型中处理问题，可能会导致近无限深度区域出现黑色阴影。

类似于文献[133]中的 MRF 模型，Caraffa 等[134, 135]利用大气幕布的深度线索进行有雾天气的信息重构，提出了一种能够进行立体重建和去雾的马尔可夫随机场模型，该方法可以用 α 展开方法(α-expansion algorithm)迭代优化。基于贝叶斯框架，Dong 等[136]提出了一种考虑噪声项的单幅图像去雾方法，采用迭代的方法不断反馈，最终得到在去雾和去噪之间保持平衡的反射率图像。为了减少文献[133]中方法的计算时间，Mutimbu 等[137]将去雾问题作为一个包含反照率层和深度层的松弛型阶乘马尔可夫随机场(relaxed factorial Markov random field, RFMRF)问题，利用稀疏 Cholesky 分解技术(sparse Cholesky factorization)有效地求解，而不是通过对数变换分解场景反照率和深度信息。Dong 等[138]在退化图像模型中引入稀疏先验和加性噪声参数，提出了迭代逼近这些变量的最大后验估计(maximum aposteriori, MAP)方法。Zhang 等[139, 140]描述了一种新的基于马尔可夫随机场和光流估计(optical flow estimation)的视频去雾框架，通过构建 MRF 模型来提高传输图的时空连贯性。为了深入探究该问题，Wang 等[141]提出了一种基于多尺度深度融合(multi-scale depth fusion, MDP)得到深度图的方案，通过非齐次拉普拉斯-马尔可夫随机场(inhomogeneous Laplacian-Markov random field, ILMRF)进行计算，减少其他方法的弊端，更好地估计深度图。

4) He 方法

He 等提出的暗原色先验方法[142, 143]有效地弥补了 Tan 方法和 Fattal 方法的不足。他采用源于遥感图像和水下图像的暗原色先验原理(dark channel prior, DCP)，在分析晴天无雾图像的像素规律的基础上，将此原理与导致图像雾化的大气散射模型相结合，提出暗原色先验的模型。对于无雾图像，在绝大部分非天空局部区域内总能找到亮度值很低的点，使 $J^{\text{dark}}(x)$ 很低并且趋近于 0，可用公式表示为

$$J^{\text{dark}}(x) = \min_{y\in\Omega(x)}(\min_{c\in\{R,G,B\}}(J^c(y))) \to 0 \tag{1.31}$$

式中，J 为晴天无雾的图像；$\Omega(x)$ 表示图像中以像素点 x 为中心的局部区域。

He 等运用这一先验，找出图像局部的暗原色，并据此对大气透射率进行粗略估计，把大气散射模型式(1.15)变形为

$$\min_{y\in\Omega(x)}\left[\min_c\left(\frac{I^c(y)}{A^c}\right)\right] = \tilde{t}(x)\min_{y\in\Omega(x)}\left[\min_c\left(\frac{J^c(y)}{A^c}\right)\right] + (1-\tilde{t}(x)) \tag{1.32}$$

结合暗原色的先验公式便可以得到透射率粗略分布公式：

$$\tilde{t}(x) = 1 - \min_{y\in\Omega(x)}\left[\min_c\left(\frac{I^c(y)}{A^c}\right)\right] \tag{1.33}$$

如果直接用于大气散射模型中来对图像反演去雾，会出现明显的块效应(block effect)。因此，He 等用软抠图方法(soft matting)对透射率分布图进行优化[144]，即解矩阵方程：

$$(L+\lambda U)t(x) = \lambda\tilde{t}(x) \tag{1.34}$$

式中，L 为一个拉普拉斯抠图矩阵，其大小为图像像素值的平方；λ 为10^{-4}；U 为单位矩阵；$\tilde{t}$ 为粗略的透射率分布，解出 t 就得出细致的透射率分布图。

暗原色先验去雾方法是图像去雾领域的一个重要突破，为图像去雾的研究人员提供了一个新思路。

Gibson 等[145, 146]利用主成分分析(principal component analysis, PCA)方法和最小体积椭圆形近似方法(minimum volume ellipsoid approximation)证明了 DCP 方法的有效性。Tang 等[98]从机器学习的视角确定了 DCP 为图像去雾中最翔实的特征。

该方法不需要复杂病态的图像深度的计算，只需要计算整体透射率便可复原出清晰的晴天无雾图像。然而它也有不足之处，例如，暗原色先验原理是在对大量剪切掉天空区域的晴天无雾图像的观察中得到的，当图像中含有天空、水面、白色物体等大面积明亮区域时，暗通道先验假设将无效，会带来严重的色彩偏移。原方法在求解精细化透射率时采用抠图方法，在求解拉普拉斯线性稀疏方程组时会耗费大量时间，严重影响程序的时效性，在实际中的应用价值大打折扣。在求取大气光值时，假设全局恒定，实际上，光有多次散射等作用，因此大气光不可能是全局恒定的。

后来出现的许多去雾方法都是在对 DCP 的粗略传输图细化方面进行了改进或补充，常见的方法有 WLS 的边缘保持平滑(WLS edge-preserving smoothing)[147]、双边滤波(bilateral filtering)[148-150]、快速的 $O(1)$的双边滤波(fast $O(1)$bilateral filter)[151]、联合双边滤波(joint bilateral filtering)[152]、联合三边滤波(joint trilateral filter)[153]、导向滤波(guided image filtering)[6,154-160]、加权导向滤波(weighted guided image filtering)[161,162]、图像内容自适应滤波(content adaptive guided image filtering)[163]、平滑滤波(smooth filtering)[164]、各向异性扩散(anisotropic diffusion)[165]、窗口的自适应调整(window adaptive method)[166]、联想滤波(associative filter)[167]、边缘保持和均值滤波(edge-preserving and mean filters)[168]、联合均值漂移滤波(joint mean shift filtering algorithm)[169]、自适应细分四叉树(adaptively subdivided quadtree)[170]、边缘引导插值滤波(edge-guided interpolated filter)[171]、自适应维纳滤波(adaptive Wiener filter)[172]、引导三角双边滤波(guided trigonometric bilateral filters)[32]、中值滤波和伽马校正(median filter and gamma correction)[173]、基于拉普拉斯的伽马校正(Laplacian-based gamma correction)[174]、模糊理论和加权估计(fuzzy theory and weighted estimation)[175]、开运算和快速联合双边滤波(opening operation and fast joint bilateral filtering)[176]、交叉双边滤波(cross bilateral filtering)[177]和融合策略(fusion strategy)[4, 86, 178, 179]。有的方法在直接 DCP 传输图计算方面进行了完善，如文献[9]中提出了一种中值 DCP 方法(median DCP)，对 He 的传输图计算模型进行了改进，通过计算邻域内的像素中值代替原始 DCP 方法的最小值，减少了场景边缘出现的轮晕现象。Shiau 等[180]应用加权策略估计大气光值和传输图，减轻了边界交汇处的光晕效应，实现了从区域 1 像素×1 像素到 15 像素×15 像素的自适应计算。这种方法虽然能够保持边缘，但是容易产生过饱和，基于颜色变化剧烈的区域往往具有相似深度的观察结论。Chen 等[181]提出了一种窗口变化机制，该方法利用邻域场景复杂性和颜色饱和度来实现深度分辨率和精度之间的折中。

针对物体颜色与大气光相似时 DCP 失效的问题，Kil 等[182]提出的方法定义了一个可靠性图(reliability map)，该图描述了满足暗原色先验假设的目标和区域个数，仅使用可靠的像素估计传输图。Wang 等[183]提出了一种新的变分模型(variational model)，利用平滑项和梯度保持项对传输进行优化，以防止恢复图像中的虚假边缘和失真的天空区域。后来，Meng 等[184]从几何视角将边界约束(boundary constraint)应用到 DCP 方法中，并在探讨边界约束和上下文正则化的基础上提出了一种传输图优化方法。该方法速度快，能抑制图像噪声，并增强图像的结构信息。Chen 等[185]提出了一种基于双直方图修正(bi-histogram modification)的方法，利用伽马校正和直方图均衡化后的特征在 DCP 的传输图中灵活调整雾的浓度。随后，Chen 等[186]又提出了一种基于 Fisher 线性判别(Fisher's linear discriminant)的双暗通道先验方案，解决了局域光源存在和颜色漂移的问题。

受 DCP 方法的启发，Ancuti 等[187]于 2010 年提出一种基于半求反的去雾方法(semi-Inverse, SI)，该方法认为清晰户外图像局部内的 RGB 通道中至少有一个通道存在很低的强度值，而在天空或者有雾图像中则相反。该方法利用求反算子将图像转化到 LCH 空间，进而检测出有雾区域，用基于层的运算代替 He 方法中基于块的运算，提高了运算速度，但因为其缺乏物理有效性，导致去雾结果中容易出现对比度过度增强的区域。Gao 等[188]结合 DCP 提出了一种快速去雾方法，基于负校正(negative correction)原理改善图像质量的同时降低计算复杂度。与估计传输图不同的是，图像的负校正因子通过估计得到后又被用来校正相应的雾霾图像。Li 等[189]提出了一种用于传输图估计的亮度参考模型(luminance reference model)，先通过滑动小窗口搜索区域内的最低固有亮度，然后利用双边滤波器对其进行平滑处理，得到可靠的结果。

此外，基于 DCP 的方法已被扩展用于夜间图像[190-192]、水下图像[31]和雨雪条件下图像的清晰化[39]。例如，为了提高 DCP 方法对夜间雾天降质图像作去雾处理时的鲁棒性，Pei 等[190]结合颜色转移的方法(color transfer method)将光的颜色从“蓝色”移到“灰色”，进行暗原色先验去雾，之后又结合双边滤波进行对比度修正。这种方法可以获得更多细节的结果，但输入的颜色特征也会随着颜色转移步骤发生改变。因此，Zhang 等[191]提出了一种新的夜间雾霾图像成像模型，既考虑了人工光源的非均匀光照条件，又考虑了人工光源的颜色特性，实现了光照平衡和图像去雾。Jiang 等[192]结合局部平滑和图像高斯金字塔算子(Gaussian pyramid operators)提出了一种改进的 DCP 模型，提高了夜间视频的感知质量。对于水下图像，Drews 等[31]提出了一种有针对性的水下 DCP(underwater DCP, UDCP)方法，主要考虑蓝色和绿色通道作为水下视觉信息源，比现有基于 DCP 的方法有了很大改进。

5) Tarel 方法

Tarel 等[193]引入一种基于对比度增强的方法来消除雾霾效应，其目的是比以前的方法更快。该方法假设大气耗散函数(atmospheric veil)在局部上变化平缓，通过对有雾图像进行预处理和中值滤波等操作实现介质透射系数的有效估计，其关键步骤描述如下。

首先对有雾图像进行白平衡操作，使雾显示为纯白色，也就是大气散射模型式(1.15)中的 A 为(1,1,1)，然后把大气散射模型式变形为

$$I(x)=J(x)(1-A^{-1}V(x))+V(x) \tag{1.35}$$

式中，$V(x)=A(1-t(x))$ 为大气耗散函数。

输入图像 $I(x)$ 中的最小颜色项 $W(x)$ 为

$$W(x)=\min_c(I(x)),\quad c\in\{R,G,B\} \tag{1.36}$$

为了处理图像中深度突变的边缘轮廓，设置窗口大小为 sv，分别对 $W(x)$ 进行中值滤波，从而得到

$$A(x)=\text{median}_{sv}(W(x)) \tag{1.37}$$

再对 $|W(x)-A(x)|$ 进行中值滤波，得到

$$B(x)=A(x)-\text{median}_{sv}(|W(x)-A(x)|) \tag{1.38}$$

最终大气耗散函数为

$$V(x)=\max(\min(pB(x),W(x)),0) \tag{1.39}$$

式中，参数 p 为去雾程度调节因子，求出 $V(x)$ 之后便可通过式(1.35)反演出去雾后清晰图像 $J(x)$。

Tarel 等的方法极大地简化了计算过程，提高了效率，这在 Gibson 等[194]的颜色椭球框架中得到了分析和证明。但是中值滤波后得到的大气散射光没有保持景深跳变的边缘信息，因此在一些较小的边缘区域去雾效果不理想。此外，方法中无法自适应调节的参数较多，也限制了该方法的实际应用。

基于 Tarel 的方法，Yu 等[195]首先对大气耗散函数进行粗估计，用基于加权最小二乘法的双边滤波[196]进行细化，然后利用细化后的大气耗散函数反演求出原图像，避免了使用抠图方法细化大气传输图带来的巨大时间开销。Zhao 等[197]提出了一种基于局部极值的边缘保持平滑方法来估计大气耗散函数，应用逆场景反照率进行恢复。Xiao 等[198]进一步在 Yu 等提出的方法[195]的基础上引入联合双边滤波法[199]，使用引导联合双边滤波器(guide joint bilateral filter)来优化由中值滤波得到的初步透射率分布，在保持边缘特性的基础上提高了运算效率，使得该方法时间复杂度达到了 $O(N)$，具有一定的实时性。Bao 等[200]提出了一种边缘保持纹理平滑滤波方法(edge-preserving texture-smoothing filtering method)，提高了目标在有雾霾的情况下的可视性。他们的方法可以在保持锐利边缘的同时有效地实现纹理平滑，并且任何低通滤波器都可以直接集成到去雾框架中。Qiong 等[201]基于 Tarel 等的框架提出了一种非局部结构感知正则化(non-local structure-aware regularization)方法，正确地实现了传输图的估计，而没有额外引入“光晕”效应。

由于中值滤波器性能的局限性，Tarel 等的工作不能显著地保持图像的边缘和梯度，有时还会引起物体周围产生光晕。因此，Liu 等[202]引入一种带有色彩传递的数字全变分滤波器(digital total variation filter with color transfer, DTVFCT)，以实现单幅彩色图像的有效去雾。该方法将大气耗散函数的估计问题作为图像最小分量的滤波问题，采用数字全变分滤波器可有效保存图像的边缘和梯度，避免光晕伪影。Negru 等[203]提出了一种适用于白天雾霾条件下的图像增强方法，在计算大气耗散函数时将指数衰减变化充分考虑在内。Li 等[204]提出了一种细节变换(change of detail, COD)先验的方法，通过锐化算子和平滑算子来估计大气幕，有效地恢复无雾图像。

6) Kim 方法

为了避免因浓雾场景深度估计错误所带来的对比度过度拉伸[125,132,142,193]，对于静态图像的去雾处理，Kim 等[158]提出了一个基于图像对比度和信息损失程度的代价函数。该方法通过四叉树计算每一个局部区域的得分，同时考虑亮度和纹理信息进行选择，最后将与纯白色差值最小的亮度值认定为大气光值。该方法可以有效地避免估算环境光时出现的较亮物体的干扰。此外，Kim 等[205]考虑了时间相干性因素，将该方法应用到了实时视频的去雾处理。

首先，利用四叉树细分方法选择模糊图像中的大气光值，然后假定场景的深度是局部相似的，那么公式(1.15)可以重写为

$$J(x)=\frac{1}{t}(I(x)-A)+A \tag{1.40}$$

假定每个区域 Ω 中的图像对比度 E_{contrast} 和信息损失程度 E_{loss} 定义为

$$E_{\text{contrast}}=-\sum_{c\in\{R,G,B\}}\sum_{x\in\Omega}\frac{(I_c(x)-\overline{I}_c)^2}{t^2N} \tag{1.41}$$

$$E_{\text{loss}}=\sum_{c\in\{R,G,B\}}\left\{\sum_{i=0}^{\alpha_c}\left(\frac{i-A_c}{t}+A_c\right)^2 h_c(i)+\sum_{i=\beta_c}^{255}\left(\frac{i-A_c}{t}+A_c-255\right)^2 h_c(i)\right\} \tag{1.42}$$

式中，$\overline{I}_c$ 和 N 分别为 $I_c(x)$ 的平均值和区域 Ω 中的像素数；$h_c(i)$ 为颜色通道

c 中输入像素值 i 的直方图；α_c 和 β_c 分别表示下溢和溢出引起的截断值。

最后，对于块 Ω，可以通过最小化整个代价函数(式(1.43))得到最优传输率 t：

$$E = E_{\text{contrast}} + \lambda_L E_{\text{loss}} \tag{1.43}$$

式中，λ_L 为权重参数。

实验结果表明，该方法能够有效地去除雾霾，恢复自然明亮的图像并实现实时处理。然而，它并不适合在浓雾中进行图像去雾。

与 Kim 方法类似，Park 等[206, 207]随后使用局部大气光值来估计每个区域的传输率，用一个改进的饱和度评价度量和强度差异表示目标函数，既包含图像熵又包含信息保真度。鉴于此，Lai 等[208, 209]在假设传输率映射为局部不变的条件下，利用目标函数，给出了保证全局最优解的最优传输映射方法，所得到的传输图准确地保持了每个对象的深度一致性。

1.6 大气光值估计方法

目前大多数去雾方法研究的重点是提高传输率估计的质量，而对大气光值通常采用粗略估计的策略。事实上，大气光值的估计跟传输率的估计一样重要，一个错误的大气光值计算会导致去雾后的图像看起来不自然。针对这种问题，相关人员也提出了相应的方法。

Narasimhan 等[96]采用人工方法直接选取受大气光影响的图像区域，但由于频繁中断，不适用于实际应用。Nayar 等[116]和 Kratz 等[132]采用了一种通过定位雾霾图像中的天空区域估计大气光值的方法，该方法可有效获得大气光值并用于后续计算，但是只能用于场景中存在天空区域的场合。Narasimhan 等[117]提出的方法能够确定大气光的方向，但很难确定光的强度。Fattal[130]应用不相关原理去搜索反照率恒定的小窗内相关度最低的白色像素，从而计算大气光值。然而，当有高亮度的白色物体时，得到的大气光值会导致复原图像出现过饱和。Wang 等[141]认为雾中晦暗的像素(fog-opaque pixels)不仅存在于深度图的最深区域，而且存在于雾图像的平滑区域，该区域掩盖了场景的纹理外观，只要对晦暗区域中的所有像素求取平均值，便可以获得大气亮度。Tan 等[125]将有雾图像中最亮的像素作为大气光值。然而，当图像中有白色物体时，此方法失效。He 等[142]提出的暗通道方法中，大气光值通过 0.1% 暗原色最亮区域所对应的像素估计得到，但这种方法也受到白色物体的影响。Tarel 等[193]首先对图像进行白平衡，然后利用纯白大气光向量 A=[1,1,1]进行去雾，该方法操作简单，适用于大多数实际场景。Kim 等[158]提出了一种基于四叉树细分的分层搜索方法，将图像分割为四个矩形区域后选择最亮的区域作为大气光值，该方法简单可靠。Pedone 等[210]对自然图像中大气光颜色频率进行统计，依此设计鲁棒性的求解方法得到大气光值，该方法很容易计算。与以前亮度估计的方法相比，Cheng 等[211]提出了一种基于颜色分析的大气光值提取方法，通过在 YCbCr 颜色空间估计颜色概率来选择候选点，该方法计算量小，计算效率高。

总之，大气光值是图像去雾的一个重要参数，计算量大或误差大的问题导致整幅图像的去雾性能下降，对其研究还需要像研究传输率估计方法一样得到重视。

1.7 去雾技术的发展趋势

由上所述，从当前国内外的研究成果来看，基于图像增强的方法、基于图像融合的方法和基于图像复原的方法各有利弊。基于图像增强的方法从主观视觉出发可有效提高图像对比度，在色彩校正上模拟了人眼视觉系统对场景色彩的认知，能够实时增强图像，在去薄雾方面效果较好。但基于图像增强的方法有时会造成不可预测的失真，且增强复杂景深退化图像时效果不佳。基于图像融合的方法是将多个信源相关信息融合成高质量图像的过程，融合策略是最大限度地从每个通道提取信息。基于图像复原的方法从雾霾退化的物理过程出发，分析构建雾霾退化的物理模型，通过优化求解去除雾霾而不损伤图像的质量，兼顾了多种景深图像的增强，但有时具有较大的时间开销。综合而言，基于图像复原的去雾方法较基于图像增强和基于图像融合的去雾方法能更好地恢复真实场景。不同去雾方法的性能比较见表 1.1。

表 1.1 不同去雾方法的性能比较

类别	子类	具体方法	特征
图像增强	直方图均衡化	全局直方图均衡化	方法简单，对单景深图像恢复效果好；不能反映多景深图像局部变化
		局部直方图均衡化	局部区域得到增强，适合景深多变场景；运算量大，存在局部块效应
	Retinex 方法	单尺度 Retinex	方法容易实现，但很难兼顾保持动态范围压缩和颜色恒常性

续表

类别	子类	具体方法	特征
图像增强	Retinex 方法	多尺度 Retinex	能够克服单尺度 Retinex 的缺陷，但缺乏边缘保持能力，容易导致轮晕效应
	频域滤波方法	同态滤波	对光照不均匀处理效果好；两次傅里叶变换，计算量大
		小波变换	多尺度增强图像细节；无法解决过亮、过暗和光照不均问题
		曲波变换	通过边缘增强改善图像质量；相对改善非去雾
图像融合	基于多光谱图像的融合		无须计算大气光值和深度图，但图像获取过程复杂
	基于单幅图像的融合		图像完全对齐无须配准，缺点是这种技术仅限于处理彩色图像
图像复原	基于附加信息的单幅图像去雾方法	已知场景信息	图像复原效果好；高昂雷达等设备限制了其应用
		人机交互	处理效果好，但是不能自动应用到实时系统
		机器学习	运行速度快，效果良好，但训练过程复杂，参数过于依赖训练数据
	基于不同场景多幅图像的去雾方法	不同偏振状态	在薄雾去除方面，可有效增强对比度；图像获取条件苛刻难实现
		不同天气状况	方法简单，效果好；图像获取困难，无法应用到实时系统
	基于先验知识的单幅图像去雾方法	Tan 方法	通过最大化比度提高复原图像；容易导致色彩过饱和
		Fattal 方法	薄雾效果好；不能处理浓雾
		Kraz 方法	具有良好的边缘细节保持能力，但容易导致一些像素的过饱和
		He 方法	处理效果好；需要进行传输图细化
		Tarel 方法	处理速度快；但参数较多，难以自适应调整
		Kim 方法	能够在保持信息损失最低的情况下增强对比度；不适合浓雾处理

根据上述分析，图像去雾是一个复杂而又亟须解决的问题，后续研究很有必要从以下几个方面进行：

(1) 建立更科学的雾霾图像退化模型。物理模型的构建和求解是基于图像复原去雾方法的关键问题。当前，在计算机视觉领域中被广泛使用的雾霾退化模型，除了单色大气散射模型之外，还有双色大气散射模型、ATF 模型等，但这些模型都无法准确描述景物退化与场景深度存在的非线性关系。所以，有必要借鉴现代大气光学的研究成果，引入复杂大气光、大气湍流、悬浮颗粒等多种引起图像退化的要素，建立更为全面的物理模型。

(2) 探索模型求解所依赖的先验知识。图像去雾问题是求解一个含多个未知数方程的病态问题，在模型的优化求解过程中需要用到很多关于图像特征各变量间关系以及求解目标等内容的先验和假设，而现有的一些先验知识不适用大雾、阴霾天气。因此，为了准确求解场景反照率，需要开展模型求解过程中所需先验知识的研究。针对清晰图像先验的研究，可以在现有的统计先验基础之上进行完善，同时以人眼视觉的色彩恒常性、亮度恒常性以及对比灵敏度为研究对象，探索人眼视觉获取、增强、理解信息的过程，获得对清晰图像的认知先验。针对雾霾退化图像先验的研究，可以分别研究混浊介质和湍流介质影响成像的效果，研究光强和光场的变化反映在图像特征上的变化。最后，针对各类场景，包括不同景深、不同雾霾浓度、不同光照、不同背景，发掘普适性好的先验知识，能够有效约束图像求解过程，辅助精确估计场景反照率。

(3) 开发图像实时去雾系统。无人车自动驾驶系统、安全监控系统、军事侦察系统等计算机视觉系统都往往要求图像处理方法具有比较高的实时性，但是，现有的去雾方法，尤其是单幅图像去雾质量效果良好的方法，都普遍存在时空复杂度过高的问题[124]。理想的去雾方法应该是可以应用于大幅图像的实时处理，这要求去雾方法在保证去雾质量的同时，时间和空间复杂度有较大幅度的降低。因此，一方面要重点研究图像去雾处理的简易、快速优化方法，另一方面要研究如何利用并行化技术，实现多处理机快速处理。此外，可编程图像硬件加速图像去雾方法也是未来研究的一个方向。

(4) 研究符合人类视觉机制的图像去雾质量评价方法。目前研究人员对去雾方法进行优劣评判主要采用主观手段，对于客观评价的研究尚处于发展当中，评价指标也主要集中在图像清晰度、对比度、色度和结构信息的测度上，缺乏统一的标准，这就导致了不同评价方法对于同一副图像的优劣评判不同。为了有效评价对雾霾图像的去雾效果，设计具有反馈环节的图像去雾系统，有必要研究与人类视觉认知保持一致的去雾图像质量客观评价方法。由于基于特征认知的无参考图像去雾质量评价方法能够较好地拟合人眼视觉特性，故它将会是一个重要的研究方向，通过引入图像处理模型、统计模型、视觉信息模型和机器学习理论，可以得到更为准确反映客观图像去雾质量的评价机制。

总之，去雾问题涉及天气条件变化的随机性与复杂性，人们对它的研究起步比较晚，只有二十年的研究历程。目前虽然有大量新方法不断涌现，但几乎每一种方法都有一定的局限性，也都处于不断的发展中。一些已取得的研究成果虽然在某一方面得到大家的认可，但还需要完善和改进，探索研究具有较好普适性、鲁棒性和可靠性的去雾方法在未来一段时间内都是一个具有挑战性的课题。

第 2 章　图像去雾效果的评价方法

评价图像质量(image quality assessment, IQA)主要包含两个方面的内容：一是图像的逼真度，二是图像的可读性，即主观和客观两种评价标准。

2.1　主观评价

主观评价方法就是根据事先确定好的评价尺度，让观察者对处理后的图像质量按视觉效果做出评定，通过主观感觉来比较处理结果的优劣，从而判断方法的优劣。所评分数分为 5 级(1～5 分)。它要求评分者人数必须大于 20，而且这些人中既有未接触过图像处理的人，也有对图像处理有一定经验的人。根据评分者给出的评分，求出其平均分，即评价结果。主观评价标准如表 2.1 所示。

表 2.1　主观评价标准

分数	评价等级	质量尺度
1	非常差	该群中最差的
2	差	比该群中的平均水平差
3	一般	该群中的平均水平
4	好	比该群中的平均水平好
5	非常好	该群中最好的

这种方法虽然简单且能够反映图像的直观质量，但最大的缺点是缺乏稳定性，它经常受实验条件以及观察者的知识背景、情绪、动机和疲劳程度等诸多因素影响。由相关去雾研究的文献可知，这种方法需要提供不同的图像放大部分关键细节进行比较，缺乏统一性，在工程应用中费时费力，很难在实际中应用。

2.2 客观评价

客观评价要根据客观标准给出数据来评价，目前按照对参考信息的需求程度可分为全参考(full-reference)、半参考(reduced-reference)和无参考(no-reference)三大类，其中前两者需要借助参考图像。而针对图像去雾效果评价这一具体应用，与有雾图像场景完全相同的晴天参考图像通常很难获得，没有一个理想的图像来作为评价参考，因此常常用无参考评价的方法来对去雾效果进行评估。目前用于去雾图像的评价方法根据专用性又可以分为非专用(non-special method)和专用(special method)两类。前者属于图像质量评价的通用方法，也适用于评价去雾效果；后者是专门用于雾霾图像评价的方法，能够跟雾霾自身特性相结合。

2.2.1 非针对性去雾图像质量评价方法

从文献[187]和文献[212]可以看出，许多通用的图像质量评价方法已被用于图像去雾技术中，如文献[187]中将不同动态范围的图像进行比较，以评价对比度和结构变化。Liu 等[178]将颜色自然度指数(color naturalness index, CNI)和一个颜色彩度指数(color colorfulness index, CCI)[213]用于方法的评估与分析。Wang 等[179]考虑到雾霾天气中拍摄的图像对比度衰减、颜色退化失真、细节内容丢失，采用平均梯度(average gradient, AG)、颜色一致性(color consistency, CC)[214]和结构相似度(structure similarity, SSIM)进行客观评价。Ma 等[215]采用了 8 种去雾方法分别对 25 幅图像进行去雾，通过主观评价和一些通用的图像质量评价方法进行分析，这些方法包括盲图像质量指标(blind image quality index, BIQI)评估[216]、无参考图像空间质量评估(blind/referenceless image spatial quality evaluator, BRISQUE)[217]、自然图像质量评估(naturalness image quality evaluator, NIQE)[218]、基于 DCT 域统计特性的图像完整性评价方法(blind image integrity notator using DCT-statistics, BLIINDS)[219]、失真识别多通道标签传送(distortion identification and multi-channel label transfer, DILT)方法[220]和 NCDQI 方法[221]，但这些方法都不能完美地预测去雾图像的质量。

一些通用的客观评价指标有均方差(mean squared error, MSE)、峰值信噪比(peak signal to noise, PSNR)、信息熵(information entropy, IE)和平均梯度

(mean gradient, MG)。以下是客观反映图像质量的几种参数。

1) 标准差

标准差反映了图像相对于均值的分散程度，是对一定范围内对比度的测量。如果标准差越大，则表示图像中所包含的信息量越多，图像的色彩更亮丽，视觉效果更好；如果标准差越小，则表示图像中所包含的信息量越少，而且图像的色调越单一均匀。投影图像最亮区域与最暗区域之间的比值即图像的对比度，该比值越大，表明图像从黑到白的渐变层次就越多，图像的层次感越强，而且色彩也越丰富。标准差可表示为

$$\sigma = \sum_{i=1}^{M}\sum_{j=1}^{N}\sqrt{\frac{(f(i,j)-\mu)^2}{M \times N}} \tag{2.1}$$

式中，M 和 N 分别为图像的宽度和高度；$f(i,j)$ 为像素点 (i,j) 处的灰度值；μ 为灰度均值。

2) 平均梯度

平均梯度即图像的清晰度，反映图像对细节对比的表达能力，可以用它来衡量图像对微小细节反差变化的速率，也可以用它来衡量图像的相对清晰程度[164]。在一幅图像中，如果某一方向图像的灰度级变化得越快，则图像的梯度也就越大，因此可以用它来判断图像是否清晰。平均梯度的表达式如下：

$$G = \sum_{i=1}^{M-1}\sum_{j=1}^{N-1}\sqrt{\frac{(f(i,j)-f(i+1,j))^2+(f(i,j)-f(i,j+1))^2}{2}} \tag{2.2}$$

式中，M 和 N 分别为图像的宽度和高度；$f(i,j)$ 为像素点 (i,j) 处的灰度值；G 为灰度梯度值。

3) 信息熵

熵是信息量的度量，广泛应用在图像质量的评价中。将一副静止图像看成是一个具有随机输出的信源，信源符号集合 A 定义为所有可能的符号集合 $\{a_i\}$，信源符号 a_i 的概率是 $P(a_i)$，则这幅图像的平均信息量的表达式如下：

$$H = -\sum_{i=1}^{L}P(a_i)\log_2 P(a_i) \tag{2.3}$$

根据熵理论可知，信息熵的值越大，图像的信息量就越大，图像的细节信息就越丰富。

4) 均方差

均方差是一种全参考质量评价标准，描述的是原始输入图像与处理后的图像像素的均方差[98, 101, 164]，公式表示为

$$\mathrm{MSE}=\frac{1}{M\times N}\sum_{i=0}^{M-1}\sum_{j=0}^{N-1}[f(i,j)-f'(i,j)] \tag{2.4}$$

式中，M 和 N 分别为图像的宽度和高度；$f(i,j)$ 为原始输入图像的灰度值；$f'(i,j)$ 为处理好图像的灰度值。

5) 峰值信噪比

它描述的是最大像素值与噪声的比值，具体表达式如下：

$$\mathrm{PSNR}=10\lg\frac{f_{\max}^2}{\mathrm{MSE}} \tag{2.5}$$

式中，$f_{\max}$ 为最大像素值，通常取 $f_{\max}=255$。

6) SSIM

以上几种方法本质上没有将人眼视觉系统特性引入到图像质量中，只是简单地对输入图像与处理后图像的随机误差进行求解，单纯地从数学角度分析输入图像与处理后的输出图像的差异，因此，上述方法有时并不能将图像的质量准确完整地反映出来。不久，研究学者发现自然图像都具有特殊的结构特征，如图像中的各个像素之间存在很强的从属关系，而这种从属关系恰恰反映了图像中大量的重要结构信息。于是，Wang 等[222]提出了基于结构相似度的方法来评价图像的质量。

SSIM 方法是基于两幅图像的亮度比较(luminance comparison) $l(x,y)$、对比度比较(contrast comparison) $c(x,y)$ 以及结构比较(structural comparison) $s(x,y)$ 来评价图像质量的。这三部分组合起来产生一个整体相似性度量。其公式如下：

$$\mathrm{SSIM}(x,y)=F(l(x,y),c(x,y),s(x,y)) \tag{2.6}$$

SSIM 方法的流程图如图 2.1 所示。

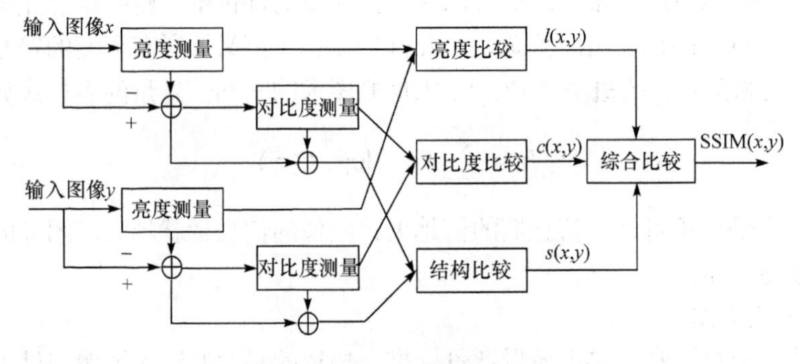

图 2.1 SSIM 方法的流程图

两幅图像的相似程度依赖于 SSIM 的值，其最小为 0，最大为 1，值越接近于 1，说明两幅图像越相似。该方法将人眼视觉系统作为出发点，有效地模拟人眼对图像结构信息的提取能力，其评价结果与人眼的主观感受极其接近，因此被广泛应用于图像去雾方法的评价中[101, 141, 153, 179, 183]。

STD 反映了图像的对比度，IE 反映图像所包含的信息量，AG 反映了图像的清晰度，MSE、PSNR 和 SSIM 反映了图像的失真度。通常这些客观评价都要有一张标准的原图，将不同方法处理后的图跟原图进行比较，差距越小就说明方法越好。由于难以获得清晰无雾图像，通常将 MSE、PSNR、SSIM 和雾天图像作为参考，用于评价图像质量。MSE 越大，PSNR 和 SSIM 越小，意味着恢复结果和参考的雾天图像之间有更大的不同。通用的客观评价指标的优点是计算形式较简单，其物理意义也十分清晰明了，在数学上很方便进行优化。然而，这些方法不能简单地直接应用到去雾评价中，因为现有的 IQA 度量的目的是评估图像的失真水平，而不是雾霾图像的恢复程度。

2.2.2 针对性去雾图像质量评价方法

一些专门的图像质量评价方法可从不同的角度评价去雾效果，常见的方法如下所述。

1. 基于可见边对比度的评价方法

目前在评价去雾效果的研究中，比较著名的是 Hautière 提出的基于可见边对比度的盲评方法[223]。该方法基于一个大气亮度模型和能见度水平的概念，主要评估在去雾前后每个图像细节对比度增强的情况，其具体用三个指标(新增可见边比(rate of new visible edges) e 、可见边的规范化梯度均值(ratio of the gradient of the visible edges before and after restoration) $\overline{r}$ 和饱和黑色或白色像素点的百分比(ratio of saturated (black or white) pixels) σ)来客观描述图像的质量[223]。三个指标的表达式如下：

$$e = \frac{n_r - n_0}{n_0} \tag{2.7}$$

$$\overline{r} = \exp\left(\frac{1}{n_r} \sum_{P_i \in \psi_r} \log r_i\right) \tag{2.8}$$

$$\sigma = \frac{n_s}{\dim_x \times \dim_y} \tag{2.9}$$

式中，n_0 和 n_r 分别表示去雾前、后图像的可见边的数量；Ψ_r 为去雾图像可见边的集合；P_i 为可见边上的像素点；r_i 为 P_i 处的 Sobel 梯度与原图像在此处的 Sobel 梯度的比值；n_s 为饱和黑色和白色像素点的数目；$\dim_x$ 和 $\dim_y$ 分别为图像的宽和高。当 e 和 $\bar{r}$ 越大而 σ 越小时，表示恢复图像的质量越好。

这种方法能很好地体现去雾前后图像细节边缘的清晰化程度，因此在许多文献中常常被使用[80, 83, 173-175, 177, 189, 197, 203, 204, 206, 224]，但实际中有时会出现度量不一致的现象，而且不能对过增强等引起的颜色失真进行评估。

2. 基于颜色失真的评价方法

针对图像去雾过程中经常出现的 Halo 效应、色调偏移等颜色失真问题，李大鹏等[225]提出了用色调极坐标直方图、直方图相似度和色彩还原系数等指标来评估去雾后图像的颜色质量。所采用评测方法的框架如图 2.2 所示，首先用高斯低通滤波将原图像和待测图像分解为照度图像和反射图像，然后分别进行有效细节强度检测、色彩还原检测、场景结构检测，最后综合得到去雾图像的还原系数。指标有的只部分反映了色彩的还原能力或者自然度等特性，且存在计算复杂的问题。

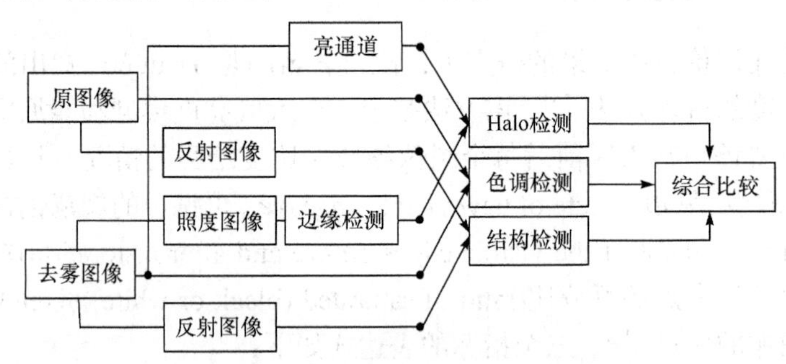

图 2.2　基于颜色失真的评价方法

该方法基于直方图相似度来衡量去雾图像的色彩还原能力，认为输入图像和去雾后图像直方图的形状大体上是一致的，因此通过定量计算去雾前后两个直方图分布的相似系数，合理地度量去雾后图像的色调还原程度。该方法重在评估去雾后图像的自然真实度，而对色调的丰富度衡量不足。

3. CNC 评价体系

文献[226]中提出了综合图像对比度、色彩自然度和色彩丰富度三个指标的 CNC(contrast-naturalness-colorfulness)评价体系，通过无参考的方式对去雾后图像进行全面评价。CNC 评价体系总体框架示意图如图 2.3 所示，其中 x 表示原有雾图像，y 为去雾结果。此评价体系依据人眼视觉感知特性，从图像的对比度和颜色质量入手，首先结合图像 x 和 y 的可见边计算图像的对比度增强指标 e，其次计算去雾结果 y 的图像自然度指标 CNI 和图像色彩丰富度指标 CCI，最后利用评价指标 e、CNI 和 CCI 构建综合评价函数，并据此对各去雾方法的复原效果进行客观、定量评估。

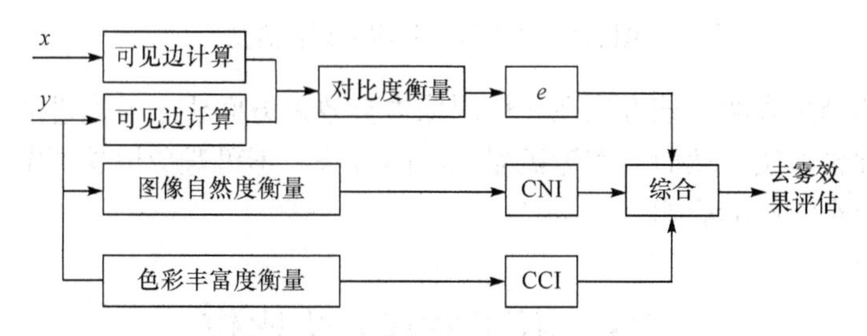

图 2.3　CNC 评价体系总体框架示意图

该方法虽然获得了与人眼视觉感受相接近的评价结果，但其评价过程计算复杂，尤其评价函数中重要参数的选取对于某些具体场景的评估不一定适用。

4. 基于机器学习的评价方法

最近，Chen 等[227]将图像质量评价作为一个分类问题，基于支持向量机(support vector machine, SVM)训练质量预测器，用于比较雾天、水下和低光场景下不同图像增强方法的处理效果。他们的方法侧重于增强图像之间的相对质量排序，而不是为单个增强图像分配绝对质量分数。首先，构造了一个数据集，其中包含了能见度较差的源图像和不同增强方法处理的增强图像；然后，以成对的方式进行主观评估，以获得这些增强图像的相对排序；最后，利用秩函数对主观评价结果进行训练，预测新增强图像的等级，从而阐明增强方法的相对质量。基于机器学习的评价方法的框架如图 2.4 所示。

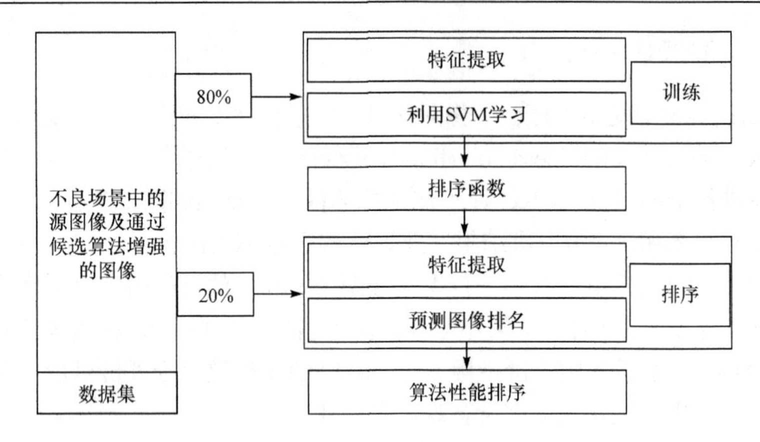

图 2.4　基于机器学习的评价方法

实验结果表明，该方法在评价图像去雾效果方面优于最先进的通用非参考质量评价方法。然而，作为机器学习的方法，不可避免地受到图像来源的不同对分类标准的影响。

2.3　不同去雾方法比较

为了比较各种方法的去雾效果和主客观评价标准的一致性，本节选用几种经典方法进行实验，并选用“Mountain”和“NewYork”两幅图像作为实验图像，如图 2.5(a)所示。图 2.5(b)～(o)给出了本节选用方法的效果，具体方法包括灰度拉伸、直方图均衡化、自适应直方图均衡化、Retinex 方法、同态滤波、小波变换、Tan 方法[125]、Kopf 方法[95]、Fattal 方法[130]、He 方法[142]、Tarel 方法[193]、Meng 方法[184]、Kim 方法[158]和 Zhu 方法[101]。

从图 2.5(b)～(f)可以看出，所有的图像增强方法都能够在一定程度上改善原始图像的视觉效果，但图(g)的处理效果不明显，这是因为不合理的小波系数使图像产生了模糊。图(c)、(d)和(e)中，图像对比度增强，细节变得更清晰，但去雾图像的色调有严重的变化，原始场景的真实颜色已经丢失。图(b)和(f)中，有点色调变化不明显，仍没有达到一个理想的改善效果。在图(b)中，灰度拉伸导致了细节丢失而使图像变得模糊；图(f)中，同态滤波方法导致图像颜色较深，对比度较低，但相对于其他图像增强方法，这两幅图像达到了最佳的视觉效果。

相比之下，图像复原方法在色调和细节恢复方面性能突出，视觉效果明显优于上述图像增强方法。在图 2.5(h)～(o)所示方法中，Tan 方法[125]、He

方法和 Tarel 方法对整个模糊图像的去雾效果最好，尤其是远处的风景。然而，Tan 方法和 Tarel 方法会导致颜色偏移或过饱和，整体看起来像无雾图像的伪彩色。Kopf 方法和 Fattal 方法能较好地保持原始图像的色彩，但它们的整体效果缺乏竞争力。Meng 方法、Kim 方法和 Zhu 方法有类似的结果，即具有相对一致的色调，但这三种方法都不善于处理因场景边缘引起的深度跳变。在上述图像复原方法中，He 方法能很好地兼顾近距离景物和远距离景物，同时保持出色的逼真效果。

(a) 原始图像　(b) 灰度拉伸　(c) 直方图均衡化　(d) 自适应直方图均衡化　(e) Retinex方法

(f) 同态滤波　(g) 小波变换　(h) Tan方法　(i) Kopf方法　(j) Fattal方法

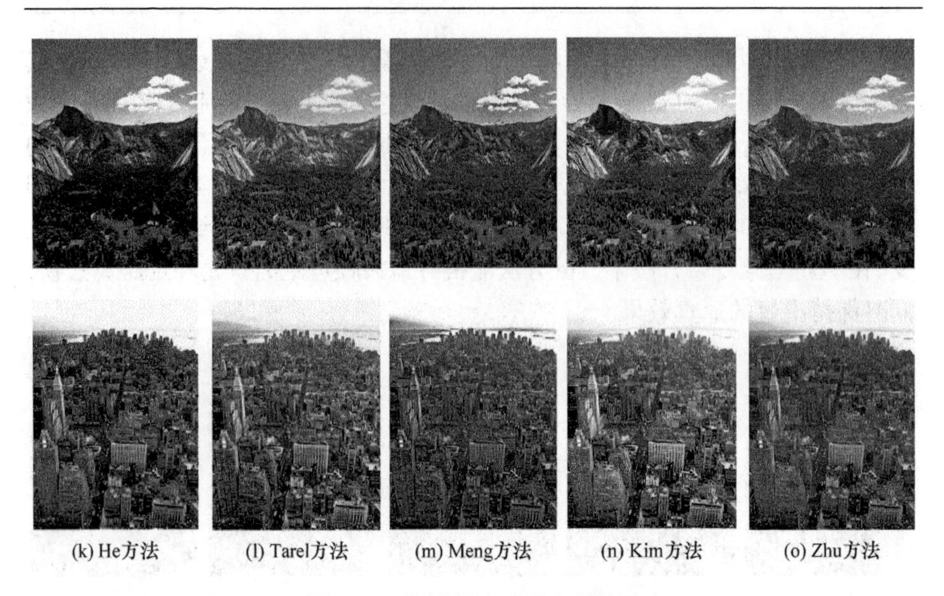

(k) He方法　(l) Tarel方法　(m) Meng方法　(n) Kim方法　(o) Zhu方法

图 2.5　不同去雾方法的去雾结果

由图 2.5 可以看出，图像复原方法的处理效果总体优于图像增强方法，特别是从人类视觉的角度来看，图像复原方法具有较高的色彩保真度。

基于上述图像，开展客观质量评价的实验，所用的 IQA 方法涉及 STD、AG、IE、PSNR、SSIM[222]、可见边(e, $\bar{r}$)[223]、BIQI[216]、BRISQUE[217]和 NIQE[218]。由于图像质量评价输出值的范围不同，所有数据需要标准化。公式表示为

$$y=\frac{(y_{\max}-y_{\min})\times(x-x_{\min})}{x_{\max}-x_{\min}}+y_{\min} \tag{2.10}$$

式中，$x_{\max}$ 和 $x_{\min}$ 分别为归一化前数据的最大值和最小值；$y_{\max}$ 和 $y_{\min}$ 分别为归一化后数据的最大值和最小值。在本实验中，设置 $y_{\max}=1$，$y_{\min}=0$，每个指标的得分跟其性能成正比。利用“Mountain”和“NewYork”两幅图像所得到的实验结果分别如表 2.2 和表 2.3 所示。

从表 2.2 和表 2.3 可以看出，对于同一种去雾方法，不同的评价指标会被赋予不同的分值。在某些情况下，评价结果意义完全相反，因为这些通用的 IQA 指标评价时考虑了复原图像的不同方面。总体而言，图像增强方法的得分比图像复原方法高，尤其是直方图均衡化和自适应直方图均衡化得到很高的分数，但这与主观评价结果冲突，因为这些图像质量评价方法侧重于结构的比较，而忽视了对色彩保真度的衡量。以上 IQA 指标不完全符合人的主观

感觉，不适合对去雾图像的直接评价，需要与人类视觉的主观评价相结合。因此，设计开发去雾图像的客观质量评价方法非常有必要。

表 2.2　对 Mountain 图像去雾后各方法的客观质量评价

方法	PSNR	SSIM	e	$\bar{r}$	STD	AG	IE	NIQE	BIQI	BRISQE
灰度拉伸	0.53	0.81	0.72	0.34	1.00	0.38	0.82	0.14	0.43	0.20
直方图均衡化	0.58	0.77	0.72	0.37	0.88	0.41	1.00	0.59	0.48	0.40
自适应直方图均衡化	0.36	0.28	0.92	0.90	0.28	0.84	0.68	0.90	0.80	0.68
Retinex 方法	0	0	0.66	1.00	0.10	1.00	0.14	0	1.00	0.58
同态滤波	0.04	0.09	0.89	0.03	0.55	0.14	0.38	0.25	0	0
小波变换	1.00	1.00	0	0	0.29	0	0.47	0.6	0.13	1.00
Tan 方法	0.15	0.19	0.85	0.64	0.43	0.73	0.46	1.00	0.72	0.74
Kopf 方法	0.42	0.81	0.81	0.39	0.70	0.38	0.60	0.08	0.43	0.19
Fattal 方法	0.35	0.82	0.79	0.22	0.50	0.25	0.62	0.12	0.20	0.13
He 方法	0.10	0.52	0.89	0.26	0.32	0.33	0.37	0.58	0.27	0.31
Tarel 方法	0.37	0.67	1.00	0.54	0.12	0.53	0.50	1.00	0.49	0.58
Meng 方法	0.13	0.69	0.94	0.27	0	0.35	0	0.41	0.31	0.38
Kim 方法	0.13	0.57	0.77	0.40	0.27	0.44	0.57	0.50	0.43	0.43
Zhu 方法	0.30	0.98	0.81	0.18	0.02	0.25	0.20	0.17	0.19	0.15

表 2.3　对 NewYork 图像去雾后各方法的客观质量评价

方法	PSNR	SSIM	e	$\bar{r}$	STD	AG	IE	NIQE	BIQI	BRISQE
灰度拉伸	0.73	0.83	0.75	0.41	0.99	0.53	0.49	1.00	0.60	0.27
直方图均衡化	0.74	0.86	0.81	0.41	0.78	0.50	0.79	0.57	0.57	0.10
自适应直方图均衡化	0.33	0.32	0.86	1.00	0.73	1.00	1.00	0.87	1.00	0.30
Retinex 方法	0	0.31	0.69	0.75	0.12	0.92	0.85	0.52	0.96	0.28
同态滤波	0.10	0.21	0.90	0.11	0.97	0.26	0.13	0.65	0.18	0.02
小波变换	1.00	0.75	0	0	0	0	0.16	0	0	1.00
Tan 方法	0.07	0	0.62	0.83	1.00	0.96	0.38	0.77	1.00	0.26
Kopf 方法	0.58	0.96	0.82	0.42	0.53	0.48	0.49	0.80	0.48	0.06

续表

方法	PSNR	SSIM	e	$\overline{r}$	STD	AG	IE	NIQE	BIQI	BRISQE
Fattal 方法	0.38	0.84	0.67	0.35	0.75	0.41	0.57	0.71	0.41	0.07
He 方法	0.27	0.78	0.84	0.41	0.71	0.50	0.16	0.71	0.50	0.10
Tarel 方法	0.46	0.73	1.00	0.60	0.53	0.65	0.63	0.67	0.67	0
Meng 方法	0.23	0.69	0.90	0.42	0.63	0.50	0	0.73	0.50	0.11
Kim 方法	0.35	0.77	0.75	0.50	0.73	0.57	0.42	0.76	0.59	0.15
Zhu 方法	0.45	1.00	0.89	0.30	0.44	0.38	0.03	0.57	0.35	0.05

第 3 章　基于线性变换的去雾方法

雾天情况下，大气中的散射介质(如粒子、水滴、灰尘)会对光线产生散射、吸收作用，因此所捕捉到的户外图像会被降质，出现对比度下降等现象。粒子对光线的散射能力依赖于粒子的类型、大小、形状，散射图案的形状和强度与粒子大小密切相关。如图 3.1 所示，在入射光传播方向上的粒子，将会散射入射光。当粒子大小约为$\lambda/10$(λ为光的波长)时，前后方向的散射几乎是相同的；当粒子大小约为$\lambda/4$ 时，前进方向的散射居多；当粒子尺寸大于λ时，散射几乎完全在前进方向。

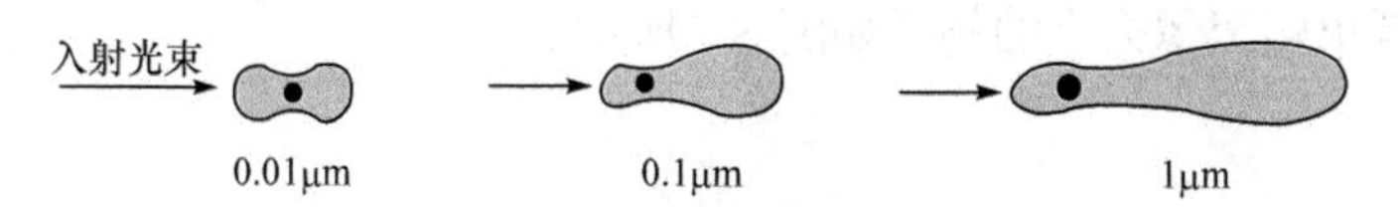

图 3.1　大气中不同大小的粒子对光的散射

如表 3.1 所示，不同的天气条件下，大气中传播介质粒子的大小、类型以及分布状况是有所差异的，因而对大气的散射作用也是不一样的，进而形成了各具特色的天气状况。

表 3.1　粒子大小、浓度与天气状况关系表

天气情况	粒子类型	离子半径/μm	粒子浓度/cm^{-3}
晴天	空气分子	10^{-4}	10^{19}
霾	悬浮粒子	10^{-2}～1	10～10^{3}
雾	小水滴	1～10	10～100
云	小水滴	1～10	10～300
雨	水滴	10^{2}～10^{4}	10^{-2}～10^{-5}

在大气散射理论的基础上，McCartney 提出景物在雾天成像时大气散射模型中衰减模型和大气光成像模型同时存在且起主导作用的观点，其模型用图 3.2 表示。

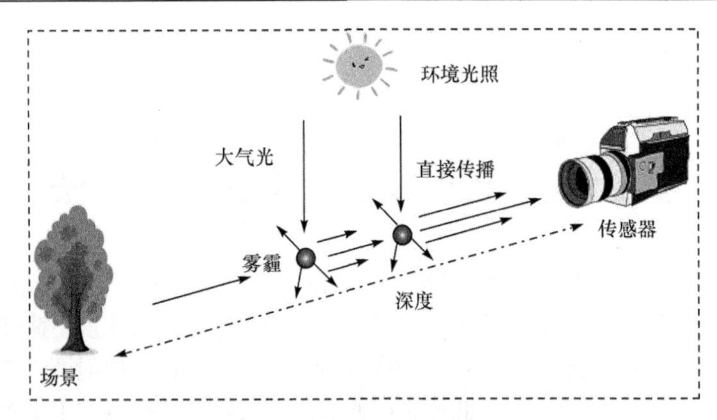

图 3.2　大气散射模型示意图

从式(1.14)中可以看出，退化模型有多个未知参数，显然是个病态求解问题，只有通过估计参数 A 和 $t(x)$ 才能从 $I(x)$ 中恢复 $J(x)$ 。研究人员基于该模型所实现单幅图像去雾的例子如图 3.3 所示。

(a) 雾霾图像　(b) 深度图

(c) 投射率图像　(d) 去雾后图像

图 3.3　图像去雾样例

虽然以上方法在单幅图像的去雾方面取得了良好的效果，但是仍然存在方法复杂度高的问题，无法应用到实时系统中。本章在总结以上方法的基础上，针对当前方法运行速度慢的问题，通过假设图像中最小通道在去雾前后呈线性关系，推导出散射模型中各参数的求解方法，提出一种基于线性变换的单幅图像快速去雾方法。

3.1　快速去雾方法框架

本章提出的基于线性变换理论的快速单幅图像去雾方法的流程如图 3.4 所示。根据大气散射模型的物理特性，去雾方法具体分为三个步骤。

(1) 估计介质透射率：首先对原始图像 $I(x)$ 求取最小通道后得到 $I_c(x)$，然后利用线性变换的方法估计投射函数 $t_r(x)$，最后进一步利用高斯模糊方法得到细化后的透射率函数 $t(x)$。

(2) 估计大气光值：首先对原始图像 $I(x)$ 进行灰度变换得到 $I_g(x)$，然后采用四叉树分割方式最终获得天空区域 $R(x)$，最后通过在天空区域内部分像素的平均灰度获得大气光值 A。

(3) 恢复图像：将已求得的参数 $t(x)$ 和 A 代入大气散射模型恢复无雾图像 $J(x)$。

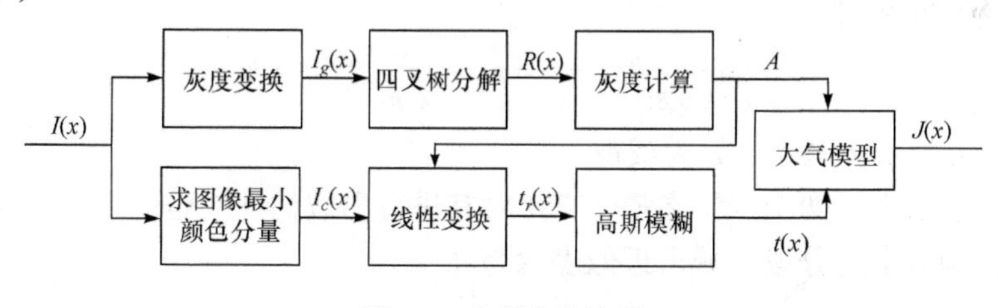

图 3.4　去雾方法流程

3.2　基于线性变换的透射率估计

3.2.1　数学变换

大气光对成像的作用随着场景到观测点的距离增大而增加，从视觉效果来看，图像中的雾气浓度逐渐增大，图像的亮度逐渐增加。估计介质透射率为

$$t(x)=\frac{A-I(x)}{A-J(x)} \tag{3.1}$$

在彩色图像中，至少有一个颜色分量的反射系数较小，因此分别对分子、分母各项进行三通道最小值计算：

$$t(x)=\frac{\min\limits_{c\in\{R,G,B\}} A^c-\min\limits_{c\in\{R,G,B\}} I^c(x)}{\min\limits_{c\in\{R,G,B\}} A^c-\min\limits_{c\in\{R,G,B\}} J^c(x)} \tag{3.2}$$

式中，c 表示有雾图像三色 $\{R,G,B\}$ 中的某一通道，$I^c(x)$ 表示图像 I 在像素点 x 处的 c 通道值。

假设大气光值 A 的大小为 $\{A_0,A_0,A_0\}$，则式(3.2)表示为

$$t(x)=\frac{A_0-\min\limits_{c\in\{R,G,B\}} I^c(x)}{A_0-\min\limits_{c\in\{R,G,B\}} J^c(x)} \tag{3.3}$$

由于大气粒子的作用，场景目标在成像过程中，随着距离的增加，图像看起来发白。假设在雾天环境下的成像过程中，三通道中最小颜色分量随着透射率的增加呈递增线性变化，即

$$\min_{c\in\{R,G,B\}} J^c(x)\propto \min_{c\in\{R,G,B\}} I^c(x) \tag{3.4}$$

则式(3.4)可以表达为

$$\min_{c\in\{R,G,B\}} I^c(x)=a\times \min_{c\in\{R,G,B\}} J^c(x)+b \tag{3.5}$$

式中，a 为变化斜率；b 为截距。

由于引入了两个未知参量，直接对其进行参数估计的难度增加，因此采用二次函数中的分段区域可近似表示为

$$\min_{c\in\{R,G,B\}} J^c(x)=\frac{\min\limits_{c\in\{R,G,B\}} I^c(x)-\mathrm{Min}}{\mathrm{Max}-\mathrm{Min}}\times \min_{c\in\{R,G,B\}} I^c(x) \tag{3.6}$$

式中，Max 和 Min 分别为 $\min\limits_{c\in\{R,G,B\}} I^c(x)$ 图像中灰度的最大值和最小值，即满足 $\mathrm{Min}\leqslant \min\limits_{c\in\{R,G,B\}} I^c(x)\leqslant \mathrm{Max}$。因此，表达式 $0\leqslant \frac{\min\limits_{c\in\{R,G,B\}} I^c(x)-\mathrm{Min}}{\mathrm{Max}-\mathrm{Min}}\leqslant 1$ 成立。

将 $i=\min\limits_{c\in\{R,G,B\}} I^c(x)$ 作为自变量用横轴表示，$j=\min\limits_{c\in\{R,G,B\}} J^c(x)$ 作为应变量用纵轴表示，则其关系曲线表示如图 3.5 所示。

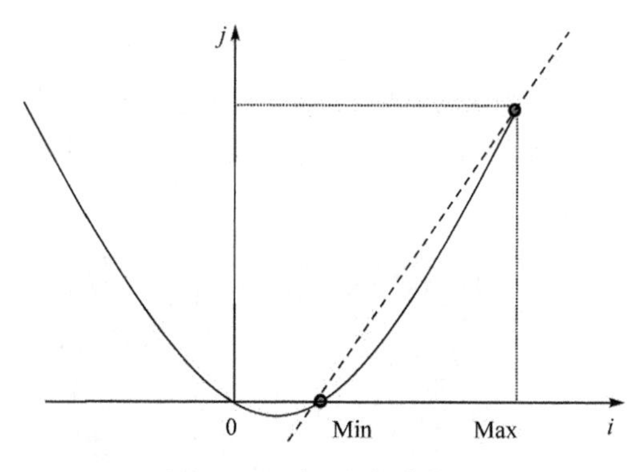

图 3.5　j 随 i 变化曲线图

因此，在[Min,Max]范围的分段函数可以近似描述图中虚线的线性关系，当 $i=\mathrm{Min}$ 时，$j=0$；当 $i=\mathrm{Max}$ 时，$j=i$。

为了约束线性变化的快慢，该表达式引入一个控制系数δ，因此等式(3.6)变化为

$$\min_{c\in\{R,G,B\}} J^c(x)=\delta\times\frac{\min\limits_{c\in\{R,G,B\}} I^c(x)-\mathrm{Min}}{\mathrm{Max}-\mathrm{Min}}\times\min_{c\in\{R,G,B\}} I^c(x) \tag{3.7}$$

式中，满足 $0\leqslant\delta\leqslant 1$。对于不同的$\delta$，其曲率变化情况如图 3.6 所示。

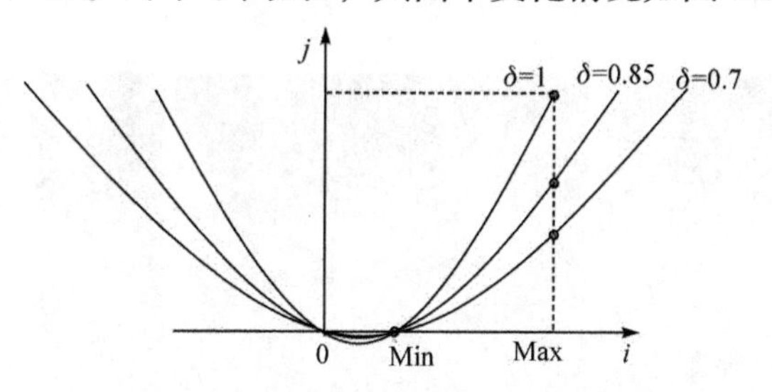

图 3.6　不同 δ 下 j 随 i 变化曲线图

由图 3.6 可以看出，随着δ的减小，$\min\limits_{c\in\{R,G,B\}} J^c(x)$ 随着 $\min\limits_{c\in\{R,G,B\}} I^c(x)$ 变化的速度变慢。

综上所述，等式(3.1)可用下式表示：

$$t(x)=\frac{A_0-\min\limits_{c\in\{R,G,B\}} I^c(x)}{A_0-\delta\times\dfrac{\min\limits_{c\in\{R,G,B\}} I^c(x)-\min(\min\limits_{c\in\{R,G,B\}} I^c(x))}{\max(\min\limits_{c\in\{R,G,B\}} I^c(x))-\min(\min\limits_{c\in\{R,G,B\}} I^c(x))}\times\min\limits_{c\in\{R,G,B\}} I^c(x)} \tag{3.8}$$

由式(3.8)可以看出，由于$I(x)$为已知量，只要获得参数A_0的值，就能得到整个图像的透射分布率；当δ减小时，所获得的透射率图及恢复图像如图 3.7 所示。其中，图 3.7(a)为原始图像，图 3.7(b)～(i)分别对应δ从 1 减小到 0.3 时的透射率分布图和去雾图像。

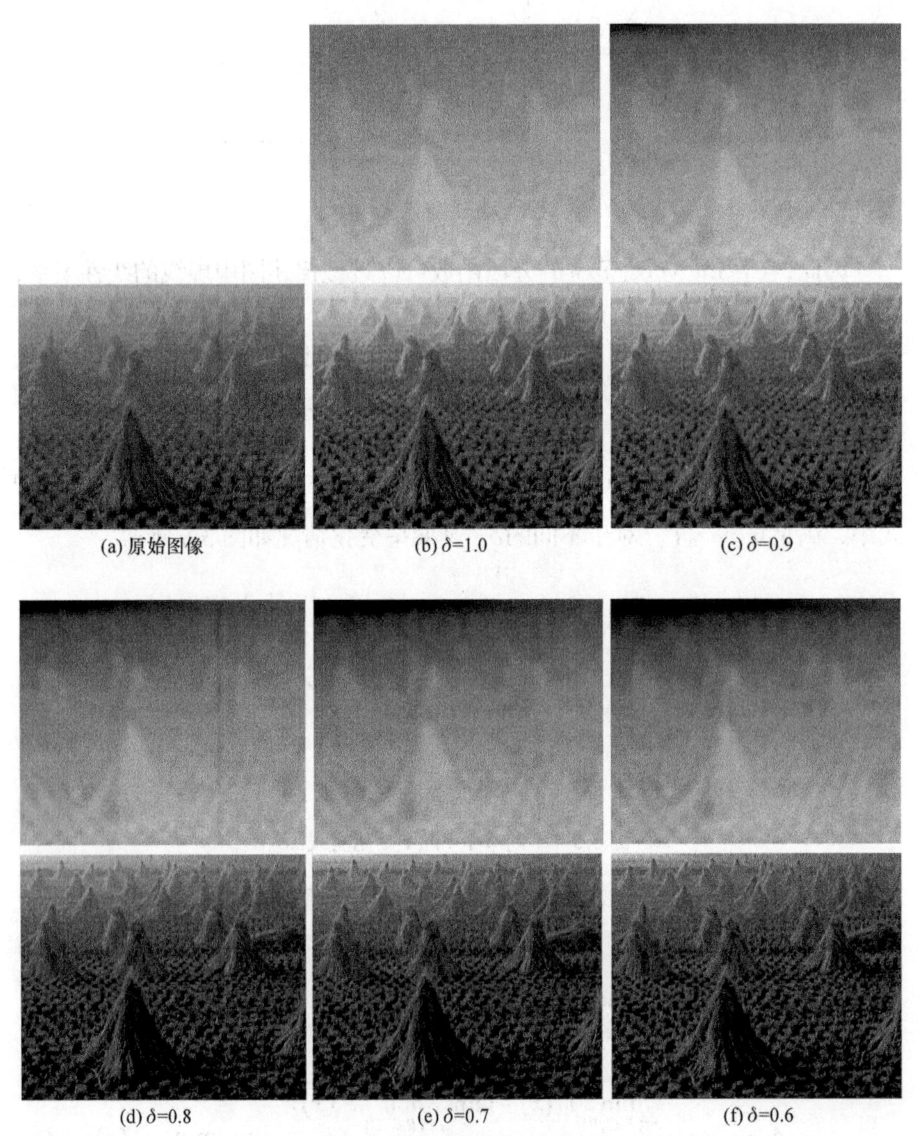

(a) 原始图像　(b) δ=1.0　(c) δ=0.9

(d) δ=0.8　(e) δ=0.7　(f) δ=0.6

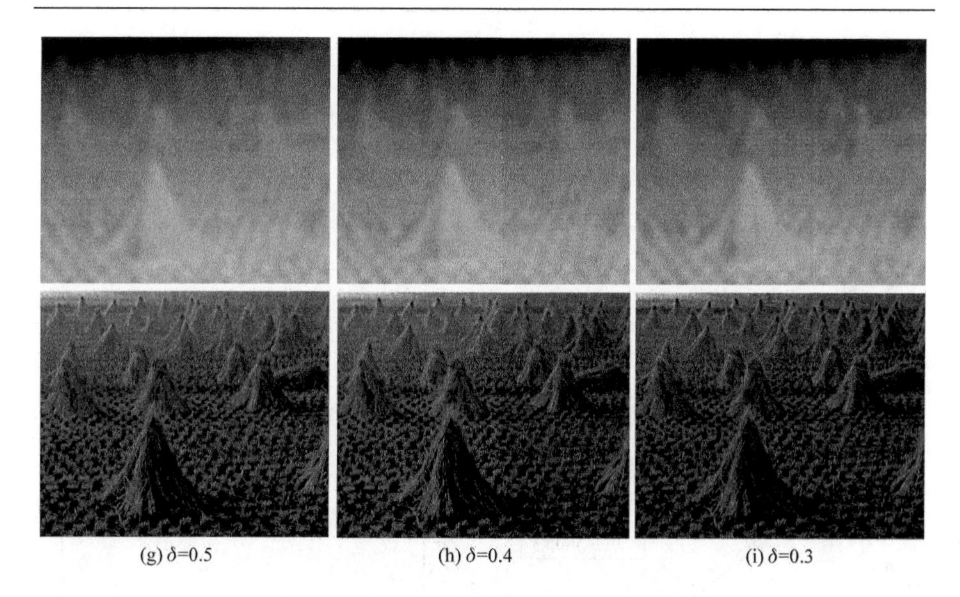

图 3.7　不同δ下透射率及其恢复图像

由图 3.7 可以看出，随着δ的减小，图像的去雾程度增强。根据这种特性，在后续的去雾过程中能够通过调整δ的大小控制去雾的效果。

3.2.2　明亮区域的处理

对于等式(3.8)，分子项永远大于分母项，因此满足 $t(x)\leqslant 1$ 。如果 $\min\limits_{c\in\{R,G,B\}} I^c(x)\leqslant A_0$ ，即天空区域为图像中最亮区域，则 $0\leqslant t(x)\leqslant 1$ 。但是如果图像中存在比天空光白的高亮区域，即存在 $\min\limits_{c\in\{R,G,B\}} I^c(x)\geqslant A_0$ 的情况，会导致 $t(x)\leqslant 0$ 的情况产生。

假定等式(3.8)中，满足 $A_0=0.9$ 、 $\max(\min\limits_{c\in\{R,G,B\}} I^c(x))=0.95$ 、 $\min(\min\limits_{c\in\{R,G,B\}} I^c(x))=0.05$ ，则透射率 $t=t(x)$ 随 $i=\min\limits_{c\in\{R,G,B\}} I^c(x)$ 的变化曲线如图 3.8(a)所示，由图中可以看出，$t(x)$ 随着 $\min\limits_{c\in\{R,G,B\}} I^c(x)$ 的增加而逐渐减小，但是当 $\min\limits_{c\in\{R,G,B\}} I^c(x)\geqslant A_0$ 时，$t(x)$ 为负值。常规的做法为 $\max(t(x),0)$ ，即将小于 0 的值设置为 0(如图 3.8(b)所示)，但这样会造成图像中高亮区域被过度处理。

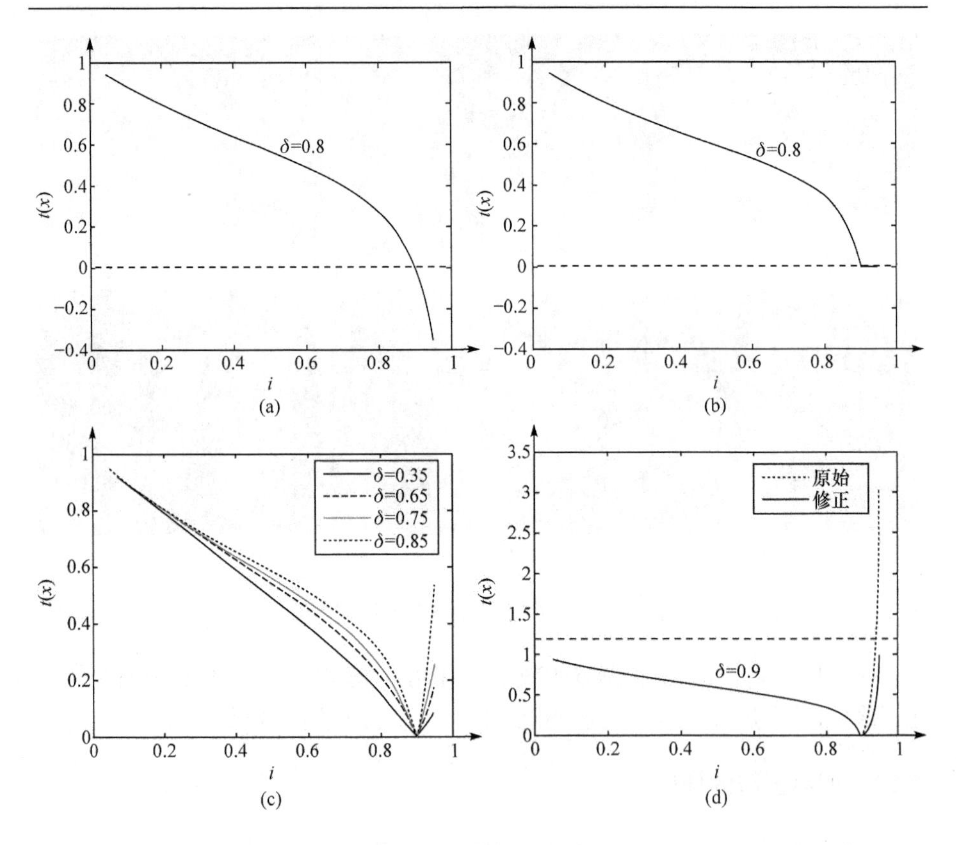

图 3.8　明亮区域处理

为了避免这种情况，对于亮度大于大气光值的像素点，在运算中采用绝对值运算的方式获得正值。其亮度高于大气光值的幅度越大，受雾影响的程度越小，透射率设置得越高，所产生的误差将越小。变化曲线如图 3.8(c)所示，其中点线、灰色实线、虚线和黑色实线分别为δ不同时的变化曲线，由图中可看出，随着δ的增加，在 $\text{Max} \geqslant \min\limits_{c\in\{R,G,B\}} I^c(x) \geqslant A_0$ 区域，$t(x)$ 变化很快。如图 3.8(d)中点线所示，当$\delta=0.9$，$\min\limits_{c\in\{R,G,B\}} I^c(x) = \text{Max}$ 时，输出 $t(x)$ 的值已经达到 3。常规的处理方式为 $\min(t(x),0)$，即将大于 1 的值设置为 1，很显然这样会忽视亮度不同区域的差别。因此，对于这种情况，采用归一化的方法进行处理，归一化系数为 $\dfrac{1}{t(\text{Max})}$，因此等式(3.8)变换为

$$t'(x)=\begin{cases}|t(x)|, & \min\limits_{c\in\{R,G,B\}} I^c(x)\geqslant A_0\\ \dfrac{1}{\max(t(\mathrm{Max}),1)}\times|t(x)|, & \min\limits_{c\in\{R,G,B\}} I^c(x)< A_0\end{cases} \tag{3.9}$$

这种处理可以保证对于过亮区域中介质透射率变化的连续性。

3.2.3　高斯模糊

通过以上方式获得的透射率图为像素级，但是该值受自身灰度影响较大。考虑到透射率在一定区域内变化缓慢，为了提高其视觉效果，需要对其进行模糊平滑处理。模糊是将每一个像素点设置成它周边邻域内像素的计算值，该值可以是平均值、中值等。如图 3.9 所示，左图中心像素点值为 2，周围 3×3 邻域内的像素点都为 1，取平均值为 1.1，将其设置为中心像素点的值，成为右图的形式。

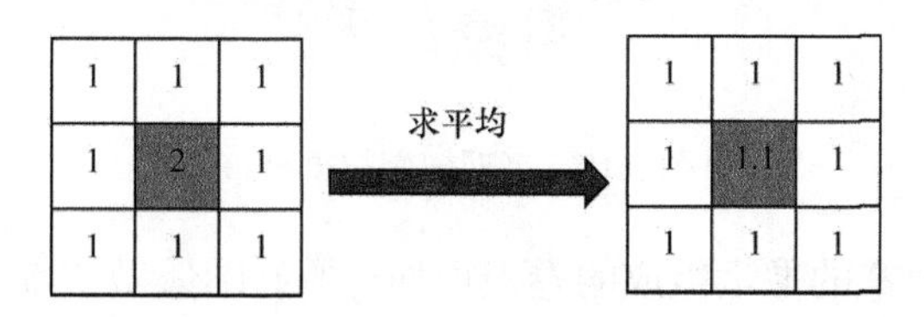

图 3.9　平均值滤波

这种通过简单平均进行模糊显然是不合理的，因为实际上一幅图像在空间上都是连续的，这也意味着越相邻的像素点之间的关系越密切，权重应该越高，越疏远的像素点之间的关系也越疏远，权重应该越低，因此应该使用加权平均的方法进行模糊。而高斯模糊的方法正是将图像中每一个像元点的值转化为由该像元邻域内所有像元值的加权平均，其具有各向同性和均匀特性，如二维模板大小为 m像素×n 像素，则模板上的元素 (x,y) 对应的高斯计算公式为

$$G(x,y)=\frac{1}{2\pi\sigma^2}\mathrm{e}^{-\frac{(x-m/2)^2+(y-n/2)^2}{2\sigma^2}} \tag{3.10}$$

式中，σ 是正态分布的标准差，σ 值越大，表示处理后的图像越模糊。

在二维空间中，这个公式生成的曲面的等高线是从中心开始呈正态分布的同心圆，其权重分布如图 3.10 所示。

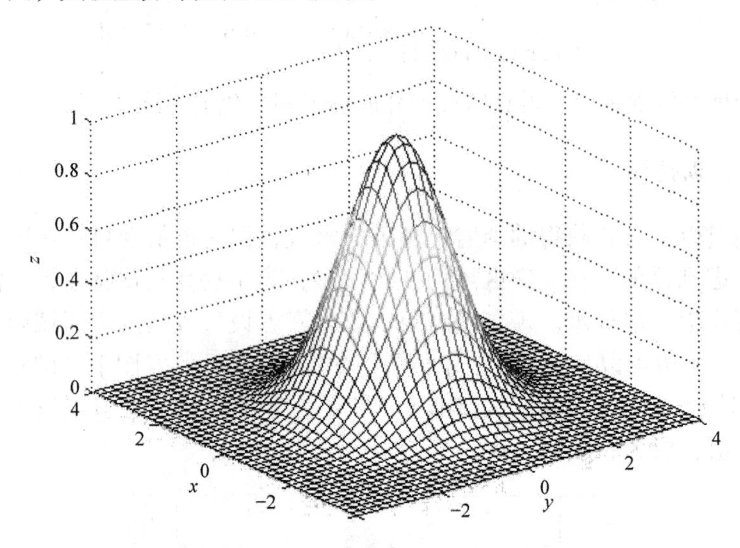

图 3.10　高斯模糊权重分布

将分布不为零的像素组成的卷积矩阵与原始图像做变换，便可以得到滤波后的分布图，用公式表示为

$$t''(x) = t'(x) * G \tag{3.11}$$

式中，*表示卷积。这样，每个像素的值都是周围相邻像素值的加权平均，因为原始像素的值有最大的高斯分布值，所以有最大的权重，相邻像素距离原始像素越远，其权重也越小。最终高斯模糊处理比其他的均衡模糊滤波器更好地保留了边缘效果。

除此之外，可用于图像模糊的方法包括平均模糊、中值滤波、双边滤波、各向异性滤波、导向滤波等。

图 3.11 为采用不同滤波方法获得的图像。其中，图 3.11(a)为原始图像；图 3.11(b)～图 3.11(h)分别对应未进行滤波、平均滤波、中值滤波、高斯滤波、迭代双边滤波、各向异性滤波、导向滤波的处理结果，第一行到第三行分别对应透射率图、复原的图像和白色方框中放大部分。

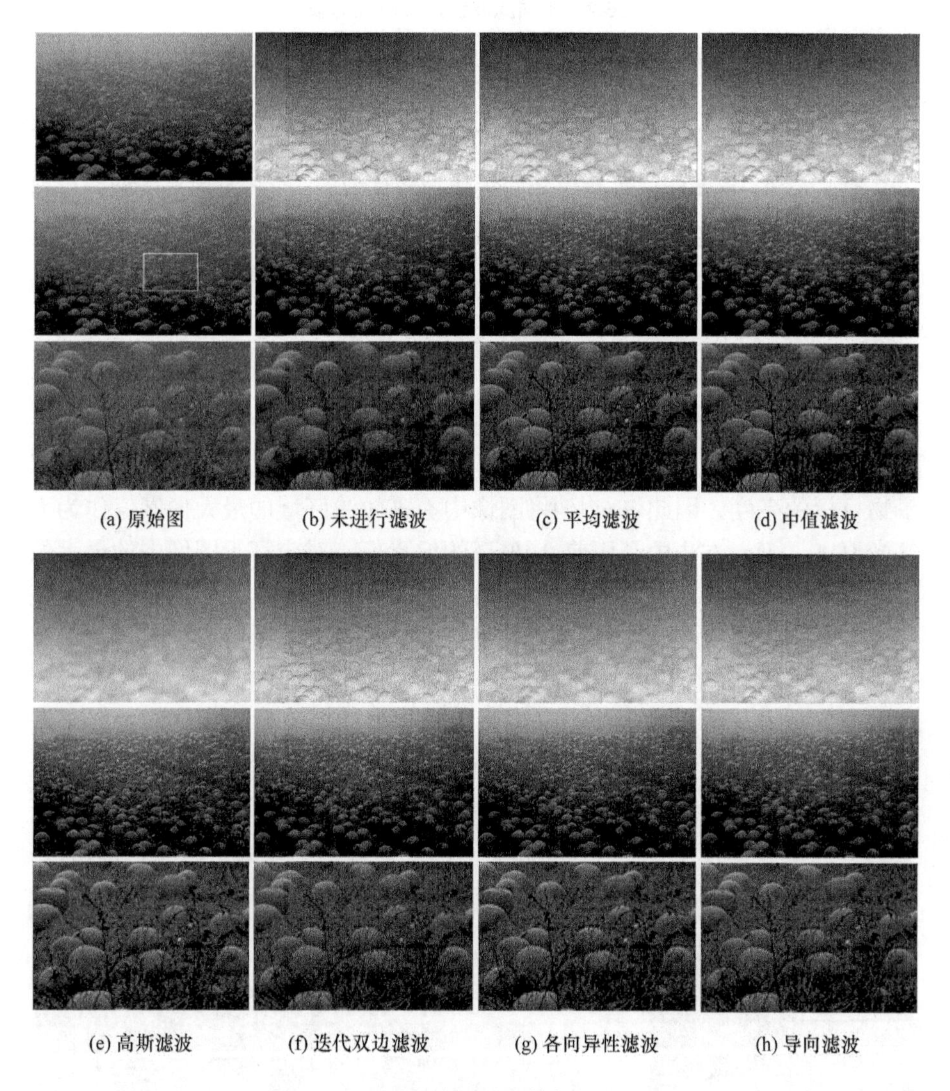

图 3.11　不同滤波器对透射率分布的影响

通过上述实验比较，经过滤波后的透射率图整体更平滑，生成的复原图像更加逼真。其中利用高斯滤波、各向异性滤波和导向滤波的效果要好于平均滤波、中值滤波和迭代双边滤波。在该图像(400 像素 × 600 像素)上运行以上滤波方法所需要的时间如表 3.2 所示。

表 3.2　不同滤波器运算时间比较

名称	高斯滤波	平均滤波	迭代双边	各向异性	中值滤波	导向滤波
时间/s	0.021	0.016	0.039	0.530	0.048	0.097

综上所述，在兼顾运算效率和运算效果的基础上，采用高斯滤波器对投射分布图进行平滑是合理的，在实际应用中选择滤波窗口为 15 像素 × 15 像素。

3.3　大气光值估计

求解雾图成像方程的另一个关键因素是大气光值的估计，它在图像去雾方法中有着至关重要的作用。根据雾霾的自身特性，大量的雾霾增大了景物目标的亮度，因此 Tan[125]将图像中雾霾较浓区域的最大像素值作为大气光值 A_0。He 方法中利用前 0.1%亮的像素值，对应雾天图像中的最大像素作为大气光值 A_0 [142]。但是当场景中存在白色目标时，或者景物的颜色亮度大于雾霾中的大气光时，上述两种方法得到的大气光值往往和实际情况有较大偏差。Kim 等[158]提出了基于四叉树(quad-tree subdivision)方法求解大气光值。该方法可以求得较为准确的大气光值，但是它采用区域内的平均灰度作为判据，对于区域内有白色物体的情况容易失效。如图 3.12 所示，图(a)和图(b)分别为在白色背景下拍摄的图像“Gugong”和“Lake”，由于受到干扰，用平均灰度作为判断标准的四叉树分割导致天空区域定位错误，如图(c)和图(d)所示。

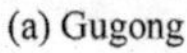

(a) Gugong

(b) Lake

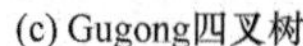

(c) Gugong四叉树

(d) Lake四叉树

图 3.12　基于四叉树[158]的图像分割结果

为了提高定位的准确性与鲁棒性，本章在基于四叉树分解搜索方法的基础上，根据天空区域主要分布于图像中部或上部的经验知识，提出一种双保险(附加通道)搜索模式。首先将有雾彩色图像转化成灰度图像，将图像平均划分为四部分 x_n^i ，$i \in \{1,2,3,4\}$ 分别代表当前左上角、右上角、左下角和右下角的区域。n 表示分割的级数，初次分割时 $n=1$ 。定义各个区域 x_n^i 的平均灰度作为该区域得分 $S(x_n^i)$，用公式表示为

$$S(x_n^i) = \mathrm{mean}(I(x_n^i)) \tag{3.12}$$

如果初次分割后得分最高区域为图像的上半部分(x_1^1 或 x_1^2)，即 $\max(S(x_1^i)) \in [S(x_1^1)|S(x_1^2)]$ ，则将按照式(3.12)计算得分最高的区域作为下一次要迭代处理的部分，按照四叉树分解方法继续划分为四个更小的块，再利用式(3.12)计算得分，不断迭代，直到选取的区域小于预定义的范围时终止，分割得到设定大小区域 x_{final} 。

而如果初次分割最高得分区域为图像的下半部分(x_1^3 或 x_1^4)，则需要对上半部分区域进行加权计算，加权系数为 η (η >1)，即比较 $\{\eta \times S(x_1^1), \eta \times S(x_1^2), S(x_1^3), S(x_1^4)\}$ 的大小，选定最大值区域。如果该区域依然为图像的下半部分(x_1^3 或 x_1^4)，则返回主程序按照四叉树方法继续分割，直到达到终止条件得到 x_{final} 。反之，则单独形成第二子程序进行四叉树分解，得到最终区域 x'_{final} 。

在以上分割过程中存在一个绝对终止条件，即如果最大灰度平均值跟第二大灰度平均值得分相差小于 S_T ，则不再进行分割。假设 n 级分割中，最大灰度平均值得分表示为 $S(x_n^k)$ ，则强制终止分割的条件为

$$\min\left|S(x_n^k)-S_n(x_n^{\bar{k}})\right|\leqslant S_T \tag{3.13}$$

式中，min 为最小值运算；$\bar{k}$ 表示 k 以外的其他区域。

如果程序最终筛选获得两个区域，则分别计算两条通道筛选的区域平均灰度和平均梯度，将二者的商作为判断准则，即

$$S'(x_n^i)=\mathrm{mean}(I(x_n^i))/\mathrm{gradient}(I(x_n^i)) \tag{3.14}$$

式中，gradient 表示该区域的平均梯度。

比较两个区域的值 $S'(x_{\mathrm{final}})$ 和 $S'(x'_{\mathrm{final}})$，选择得分较大的区域作为最终的天空区域，再对该区域内的像素值进行降序排列，选取前 10%的像素的平均灰度值作为大气光值 A_0。

图 3.13 为大气光值估计流程图。

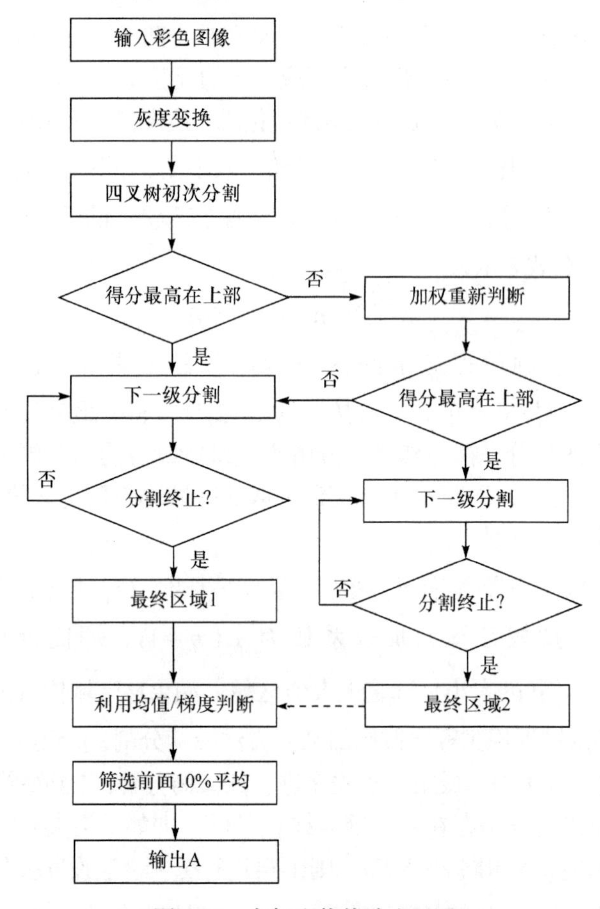

图 3.13　大气光值估计流程图

该方法选取的像素值越接近天空区域，得到的大气光值 A_0 越准确。

利用上述方法处理图 3.12(a)和(b)，设定 $\eta = 1.1$ 且 $S_T = 1$，则可准确分割天空区域，并筛选获得大气光值，具体结果如图 3.14 所示。

图 3.14　准确的天空区域分割结果

3.4 图 像 复 原

根据大气散射模型，一旦求出透射率 $t(x)$ 和大气光值 A_0，就可恢复场景深度：

$$J(x) = \frac{I(x) - A_0}{t(x)} + A_0 \tag{3.15}$$

当 $t(x)$ 趋近于 0 时，直接衰减项趋近于 0，导致去雾图像像素值被过度放大，此时复原的图像可能包含噪声，所以，对透射率 $t(x)$ 应该设定一个下限 t_0，实验中 t_0 取值为 0.05。

$$J(x) = \frac{I(x) - A_0}{\max(t(x), t_0)} + A_0 \tag{3.16}$$

式中，t_0 为设定的约束条件，用于使得图像去雾效果更佳。

此外，雾天成像受环境和光照的影响，部分图像本身亮度值偏低，经复原后整体视觉效果更暗，因此可以利用灰度补偿的方法，根据需要进行调整。

3.5 实验结果分析

实验平台硬件为 Dell 笔记本电脑，处理器为 Intel(R) Core (TM) i7-5500U CPU@2.4GHz，8GB RAM，软件为 MATLAB 2014a，Windows 8 操作系统。有雾图像选自去雾领域文献中所使用的经典测试图像，涉及城市街景、自然风景以及航拍图像的远景和近景。部分实验结果如图 3.15 所示，七组实验图像名称分别为 HongKong、House、Building、NewYork1、Stadium、Cannon 和 Road。其中 Road 为灰度图像，其他为彩色图像。对每一组图像而言，第一到第三行分别为雾霾图像、去雾图像和深度图。从图中可以看出，无论是景深跳变大的图像还是景深变化平缓的图像，无论是彩色图像还是灰度图像，本章方法都能在不同场合下得到颜色自然、细节清晰的复原结果，这得益于透射率估计函数的可行性和有效性，同时也说明了本章方法具有较强的场景适应能力。

为了体现本章方法的先进性，实验中针对多幅实验图像，主要与经典图像增强方法、Kopf 方法[95]、Tan 方法[125]、Fattal 方法[130]、He 方法[142]、Tarel 方法[193]、Kratz 方法[132]、Kim 方法[158]、Meng 方法[184]、Zhu 方法[101]的去雾效果进行比较，实验图像均为该领域中公共库测试图像，比较的内容涉及主观评价、客观评价和运算复杂度三个方面。为了描述方便，书中方法命名均采用文献第一作者的姓代替。

(a) HongKong　(b) House　(c) Building　(d) NewYork1

(e) Stadium (f) Cannon (g) Road

图 3.15 本章方法的部分去雾实验结果

3.5.1 主观定性评价

1. 与传统图像增强方法比较

图 3.16 为本章方法与传统图像增强方法在三幅图像上的实验结果比较，其中图(b)～(h)分别为灰度拉伸、直方图均衡化、自适应直方图均衡化、Retinex 方法、同态滤波、小波变换和本章方法的实验结果。从图中可以看出，直方图均衡化、自适应直方图均衡化、Retinex 方法和小波变换后的图像色调发生了偏移，而灰度拉伸和同态滤波后的图像改善效果不明显，只有本章方法既提升了细节又还原了色彩，整体效果较好。

2. 与图像复原方法比较

首先，选择 House 和 Flag 图像作为第一组实验图像，分别采用 Kim 方法[158]、He 方法[142]、Tarel 方法[193]、Zhu 方法[101]与本章方法进行定性比较，实验结果如图 3.17 所示。图 3.17(a)中第一行为 House 原始图像，第二行为 House 原始图像中方框位置的放大图像，第三行为 Flag 原始图像，第四行和第五行分别对应 Flag 原始图像中方框位置的放大图像。图 3.17(b)～(e)分别为采用 Kim 方法、He 方法、Tarel 方法、Zhu 方法处理后的图像，本章算法的实验结果如图 3.17(f)所示。从图中可以看出，各种方法相对于原始图像，去雾后图像

(a) 雾霾图像　(b) 灰度拉伸　(c) 直方图均衡化　(d) 自适应直方图均衡化

(d) Retinex方法　(f) 同态滤波　(g) 小波变换　(h) 本章方法

图 3.16　本章方法与传统图像增强方法比较

整体的能见度和对比度都得到极大改善，获得了较好的去雾效果。对于 House 图像，Kim 方法去雾程度低；Tarel 方法去雾程度良好，但是颜色失真，红色墙壁颜色过深；He 方法、Zhu 方法和本章方法相对于 Kim 方法和 Tarel 方法，颜色信息恢复较好，但是 Zhu 方法得到的图像边缘存在明显的 Halo 效应，而 He 方法整体效果也不如本章方法好。对于 Flag 图像，其中 Kim 方法、He 方法、Zhu 方法和本章方法得到的效果最为突出。从去雾图像方框中内容的局部细节对比来看，Kim 方法在第三行对应的近景方面取得了更突出的结果，但是在第二行的远景方面效果不如其他方法。He 方法和 Zhu 方法在远景和近景都能取得良好的折中，但是采用本章方法可以获得更好的清晰度、对比度和图像颜色。

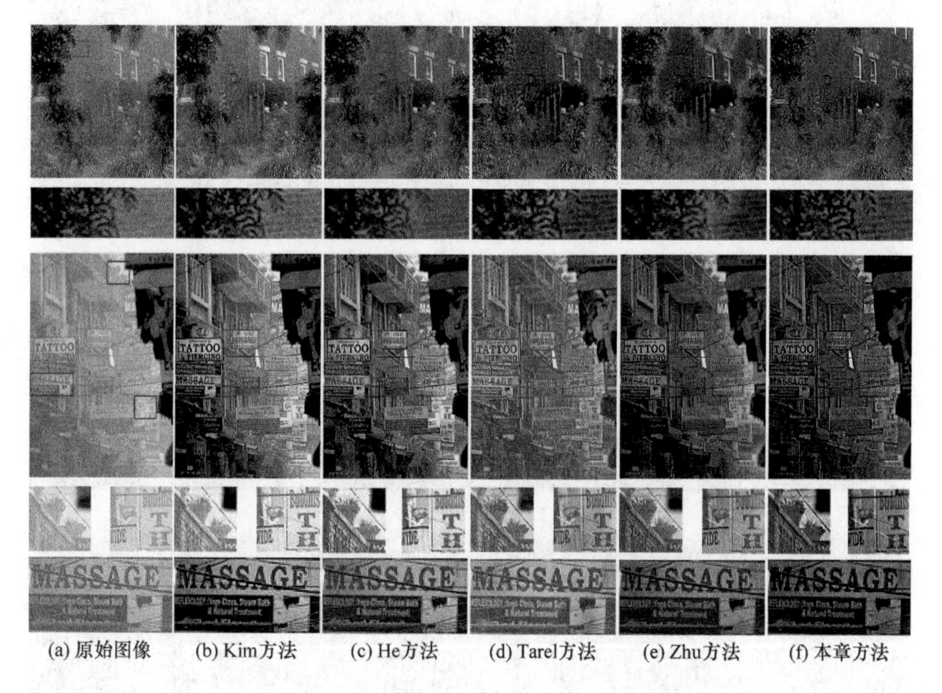

(a) 原始图像　(b) Kim方法　(c) He方法　(d) Tarel方法　(e) Zhu方法　(f) 本章方法

图 3.17　与其他图像恢复方法比较(第一组)

其次，选择 Mountain 和 NewYork2 图像作为第二组实验图像，分别采用 Tan 方法、Kopf 方法、Fattal 方法、He 方法、Tarel 方法、Meng 方法、Kim 方法、Zhu 方法与本章方法进行定性比较，实验结果如图 3.18 所示。图 3.18 中第一行和第二行为原始图像，第三行为原始图像中方框区域的放大图。

(a) 原始图像　(b) Tan方法　(c) Kopf方法　(d) Fattal方法　(e) He方法

(f) Tarel方法　(g) Meng方法　(h) Kim方法　(i) Zhu方法　(j) 本章方法

图 3.18　与其他图像恢复方法比较(第二组)

从图中可以看出，相对于原始图像，采用各种方法去雾后的图像整体的能见度和对比度得到极大改善，获得了较好的去雾效果。其中采用 Tan 方法、He 方法和 Tarel 方法去雾的整体效果较好，特别是对于远景能够较好地恢复,而 Tan 方法和 Tarel 方法使图像颜色出现了过饱和色调偏移;Kopf 方法和 Fattal 方法能够较好地保持原始图像中的色调,但是整体去雾效果较差；Meng 方法、Kim 方法、Zhu 方法和本章方法的处理结果相似，色调也相对一致，但是以上方法在处理场景深度跳变的边缘时，去雾效果欠佳。由第二行放大的近景可以看出，本章方法处理的效果层次感更强，建筑物更清晰，能够识别更多细节信息，并且克服了 Tan 方法和 Tarel 方法的颜色失真现象。

图 3.17 和图 3.18 的实验结果表明，对于不同雾天环境、不同场景深度以及不同光照条件下的降质图像，本章方法均能够获得较理想的场景反照率。

3.5.2　客观定量评价

不同方法处理的侧重点不同，主观评价难免存在一定的片面性，因此采用客观评价标准进一步衡量不同方法的处理效果。对于图像处理的客观评价，从均方差(MSE)、峰值信噪比(PSNR)和结构相似性(SSIM)三个方面进行客观的对比和评价[222]。MSE、PSNR 和SSIM 的表达式如下：

$$\mathrm{MSE}=\frac{1}{M\times N}\sum_{i=0}^{M-1}\sum_{j=0}^{N-1}[f(i,j)-f'(i,j)]^2 \tag{3.17}$$

$$\mathrm{PSNR}=10\lg\frac{f_{\max}^2}{\mathrm{MSE}} \tag{3.18}$$

$$\mathrm{SSIM}=F(l_c,c_c,s_c) \tag{3.19}$$

式中，M 和 N 分别为图像的宽度和高度；$f(i,j)$ 为雾霾图像的灰度值；$f'(i,j)$ 为去雾后图像的灰度值；$f_{\max}$ 为最大像素值；l_c、c_c 和 s_c 分别为亮度比较、对比度比较和结构相似度比较。

在MSE、PSNR、SSIM 三个指标中，MSE 越小，PSNR 越大，SSIM 越大，表示图像恢复的效果越好。由于三种数据类型量纲不同，需要将数据进行归一化操作，数据范围为$[y_{\min},y_{\max}]$。用公式可表示为

$$y = \frac{(y_{\max} - y_{\min}) \times (x - x_{\min})}{x_{\max} - x_{\min}} + y_{\min} \tag{3.20}$$

式中，$x_{\max}$ 和 $x_{\min}$ 分别表示归一化之前数据的最大值和最小值；$y_{\max}$ 和 $y_{\min}$ 分别表示归一化之后数据的最大值和最小值。本实验中，$y_{\max} = 1$，$y_{\min} = 0.6$。

此外，由于MSE数值大小表达的属性与PSNR和SSIM成反比，试验中设置一项综合性能参数表示为

$$\text{Comp} = \text{SSIM} + \text{PSNR} - \text{MSE} \tag{3.21}$$

式中，MSE、PSNR和SSIM皆为归一化后的数据。

第一组实验图像选择swan图像，其实验结果如图3.19所示。量化实验结果如表3.3所示。由表中数据可以看出，本章方法在MSE、PSNR、SSIM三项性能指标上都取得了最优效果。

(a) 原始图像　(b) Tan方法　(c) Nishino方法
(d) Tarel方法　(e) Kim方法　(f) He方法
(g) Meng方法　(h) Zhu方法　(i) 本章方法

图 3.19　基于swan图像不同方法的实验结果

表 3.3　图像 swan 实验数据对比

指标	Tan 方法	Nishino 方法	Tarel 方法	Kim 方法	He 方法	Meng 方法	Zhu 方法	本章方法
MSE	0.848	1.000	0.655	0.65	0.686	0.749	0.64	0.600
PSNR	0.668	0.600	0.849	0.859	0.802	0.736	0.878	1.000
SSIM	0.702	0.600	0.835	0.887	0.945	0.847	0.985	1.000
Comp	0.522	0.200	1.029	1.096	1.061	0.834	1.223	1.400

第二组实验图像选择两幅经典图像，第一行为 Cones 图像，第二行为 Pumpkins 图像。如图 3.20 所示，从左到右分别为原始图像、Fattal 方法、Nishino 方法、Meng 方法、He 方法、Kim 方法、Zhu 方法和本章方法的实验结果。图 3.21 和图 3.22 分别为对应数据图，其中的柱状图从左至右分别对应 MSE 、PSNR 、SSIM 和 Comp 的数据。图 3.21 中，虽然本章提出的方法在 SSIM 值上要低于 Zhu 方法，但是在综合实验结果中 Comp 最高。图 3.22 中，本章方法在各项指标中为最佳，这充分说明本章方法可以获得较高的色彩保真度，得到较好的图像颜色。

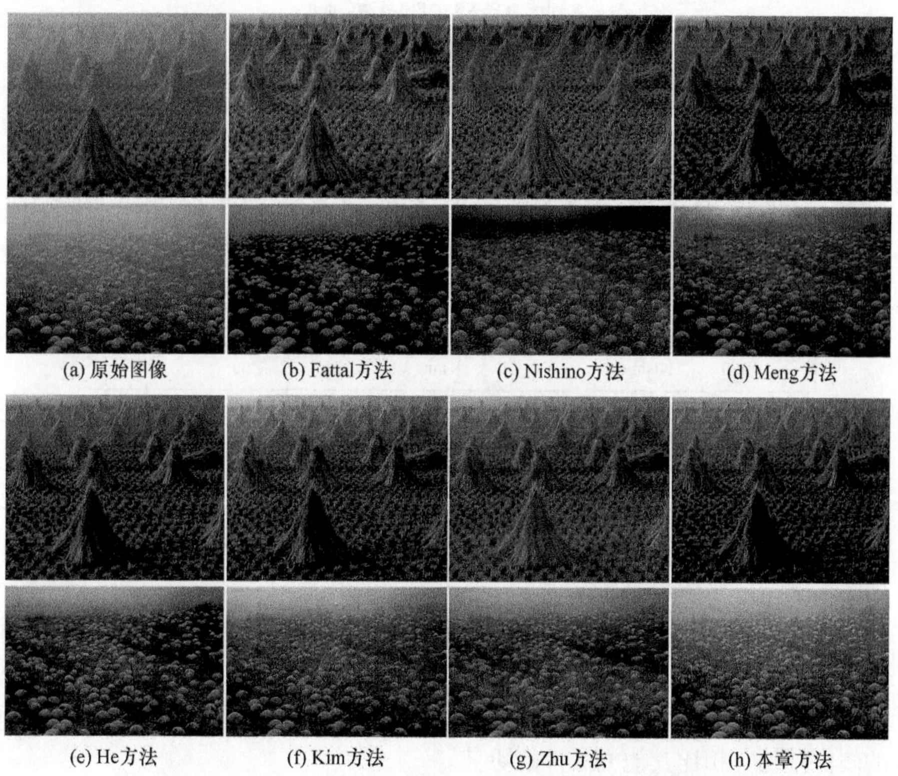

(a) 原始图像　(b) Fattal方法　(c) Nishino方法　(d) Meng方法

(e) He方法　(f) Kim方法　(g) Zhu方法　(h) 本章方法

图 3.20　基于 Cones 和 Pumpkins 图像不同方法的实验结果

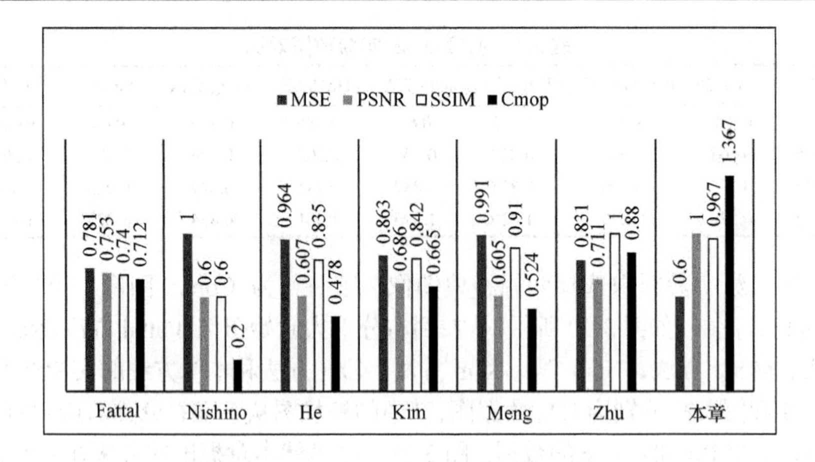

图 3.21　Cones 实验数据柱状图

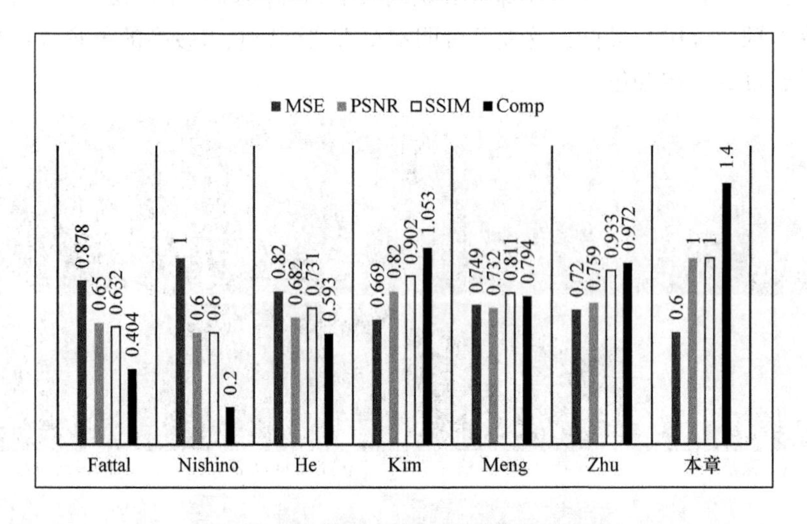

图 3.22　图像 Pumpkins 实验数据柱状图

此外，设计了另一组实验用于比较本章提出的方法与其他方法。如图 3.23 所示，源图像来自不同的场景，具有不同的深度特征。表 3.4 显示了对于 Comp 项的实验结果比较。

如表 3.4 所示，对于图中的 9 幅图像，本章所提出的方法可以在 7 幅图像上达到最佳值，而对于其他两幅图像来说，它具有第二最佳值，这充分说明了该方法不仅可以获得高的颜色保真度，而且可以从模糊图像中获得更好的图像结构，相比其他方法性能更佳。

图 3.23　实验源图像

表 3.4　对图 3.23 中图像进行实验的结果

方法	Tarel 方法	Kim 方法	He 方法	Meng 方法	Zhu 方法	本章方法
图像 1	0.200	1.062	**1.379**	1.243	1.242	1.261
图像 2	0.220	1.243	0.694	1.246	0.614	**1.400**
图像 3	0.200	0.911	0.997	0.534	0.621	**1.400**
图像 4	1.085	0.880	**1.359**	0.200	1.033	1.235
图像 5	0.775	0.949	1.097	1.004	0.200	**1.400**
图像 6	0.303	0.548	0.832	0.767	0.200	**1.400**
图像 7	0.325	0.938	0.546	0.493	0.297	**1.400**
图像 8	0.200	0.842	0.464	0.796	0.816	**1.400**
图像 9	0.200	0.956	1.124	1.007	0.518	**1.400**

3.5.3　运算复杂度

为了验证本章方法在处理速度上的优势，运用不同大小的图像进行试验，并且将本章方法与 He 方法、Tarel 方法、Meng 方法、Zhu 方法进行比较。其中 He1 为 DCP+软抠图方法[142]，He2 为 DCP+引导滤波方法[154]，其计算 DCP 所采用的窗口大小为 15 像素×15 像素。为了体现运行的公平性，所有程序均在 MATLAB 2014 环境下运行，大气光值为统一初始化赋值，程序代码运行任务主要为传输率获得和图像复原。由表 3.5 可以看出，He1 方法处理单幅图像的运算效率最低，主要因为软抠图是一个大规模稀疏线性方程组的求解问题，具有很高的计算复杂度且只能计算有限尺寸图像。Tarel 方法采用中值滤波进行优化，但是该方法随着图像的增大，计算复杂度迅速增加。He2 方法使用引导滤波器代替 He1 中的软抠图方法，优化后速度大大提高，且可以运行大尺寸图像。Meng 方法和 Zhu 方法运算效率与 He2 方法相当，其中 Zhu 方法采用了线性模型和导向滤波，随着图像的增大，运行速度更快。本章方法在运行 4096 像素×3072 像素图像时，也仅仅需要 1.1s，是 Zhu 方法的 1/40，由此可见，本章方法在绝对运行时间上占有优势。

表 3.5　绝对运行时间比较　(单位：s)

分辨率/像素	He1 方法	Tarel 方法	Meng 方法	He2 方法	Zhu 方法	新方法
600×400	21.763	7.656	1.243	0.584	0.887	0.048
800×600	47.926	23.147	2.290	1.205	1.699	0.075
1024×768	83.776	56.873	3.796	3.766	2.675	0.115
1600×1200	—	303.153	9.380	7.765	6.546	0.237
2048×1536	—	721.632	15.885	14.561	10.732	0.362
3200×2400	—	4138.646	35.536	31.329	27.363	0.728
4096×3072	—	—	65.211	52.434	44.352	1.133

为了比较各种方法运算时间随着图像尺寸增加变化的快慢，采用相对时间变化方法来进行比较。假设处理最小尺寸图像运算时间为 t_1，则相对运算时间为 $T_r = t_n / t_1$，其中 n 为图像级别，随着图像尺寸的增大而增加。图 3.24 给出了 Meng 方法、He2 方法、Zhu 方法和本章方法的相对运行时间变化曲线，由图中看出，随着图像尺寸的增加，各种方法相对运行时间逐渐变大，其中 He2 方法斜率最大，变化速率最快，Meng 方法和 Zhu 方法变化趋势基本相同，本章方法运算复杂度变化最慢。这主要是因为本章方法采用了线性模型，主要运算量来源于优化透射率所用的高斯滤波。综上所述，本章方法具有很高的运行效率。

本章方法在处理 600 像素 × 400 像素图像时，在 MATLAB 运行环境下仅为 48ms，可以满足每秒钟 20 帧的实时运行需求，并且随着图像尺寸的增大，运行时间增加缓慢，适合大尺寸的图像去雾处理。

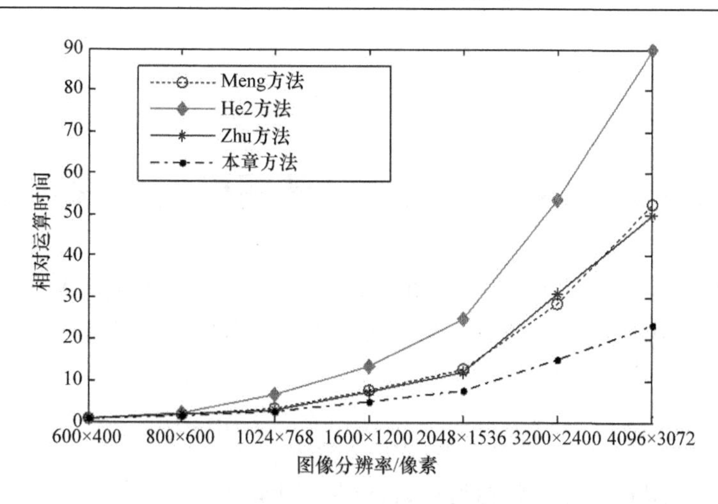

图 3.24　相对运算时间比较

3.6　结　　论

本章在假设图像中最小颜色通道在去雾前后呈线性关系的基础上，提出了一种简单、高效的透射率分布图估计方法，设计了解决明亮区域失真问题的弱化策略，并通过高斯模糊实现介质传输率的优化，在保证去雾效果的基础上，大幅度提高了该去雾方法的运行速度。同时，针对去雾过程中求解大气光值的自适应问题，提出了一种基于附加通道进行四叉树分解的方法，利用区域内的均值和梯度准确估计大气光值。实验结果表明，该方法能够避免光晕效应和颜色过饱和现象，对于图像的细节和颜色恢复非常有效，不但在主观去雾效果上可以满足视觉要求，在运行时效上也具有较大优势，能够满足工程应用上的实时去雾需求,有利于户外恶劣天气图像特征的分析和识别。本章方法存在的主要问题是随着去雾强度的增加，去雾处理后图像颜色会变暗，虽然可以采用图像处理的方法进行人工校正，但是如何自适应地确定参数或避免这种现象，仍然需要进一步改进和完善。

第 4 章　大面积天空区域图像的去雾方法

暗原色是一种基于无雾图像的先验统计规律[142]，即在绝大多数非天空的局部区域里，都会有至少一个颜色通道在某些像素上具有很低的强度值并趋近于 0，用公式表示为

$$J^{\text{dark}}(x)=\min_{c\in\{R,G,B\}}(\min_{y\in\Omega(x)}(J^c(y)))\rightarrow 0 \tag{4.1}$$

式中，J^c 是 J 的一个颜色通道；$\Omega(x)$ 是一个以 x 为中心的小图像块；J^{dark} 为暗通道图像。利用上式进行图像处理的过程为：首先求出每个像素 RGB 分量的最小值，存入一幅和原始图像大小相同的灰度图中，然后对这幅灰度图进行最小值滤波，滤波的半径由窗口大小决定，一般有 WindowSize=2×Radius+1。

在实际生活中造成暗原色低通道值的因素有很多，例如，汽车、大树、建筑物和城市中玻璃窗户的阴影或颜色较暗的物体(如灰暗色的树干、阴暗角落的石头以及沥青路面等)。此外，颜色鲜艳的物体(如绿色的草地和树木、红色的花朵或者蓝绿色的水面)在 R、G、B 三个通道中也总存在很低的值，而自然景物中到处都是阴影和彩色，因此所拍摄获得的这些景物图像的暗原色总表现出较为灰暗的状态。

He 等在文献[142]中分析了大约五千张图片的暗通道效果。本章通过几幅没有雾的风景照来分析正常图片暗通道的普遍性质。正常图像的暗通道和有雾图像的暗通道分别如图 4.1 和图 4.2 所示。

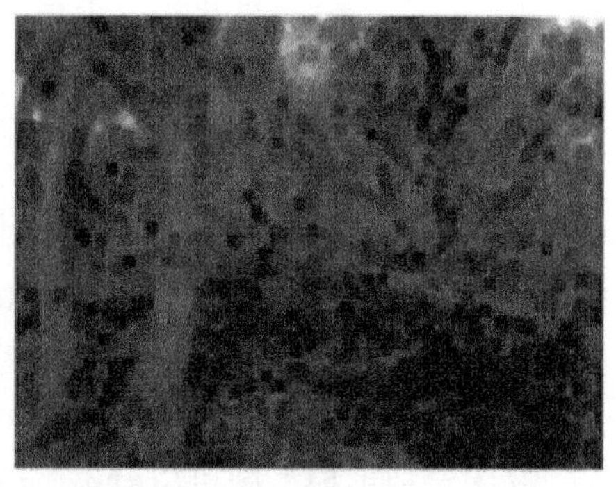

图 4.1　正常图像的暗通道

图 4.2　有雾图像的暗通道

上述暗通道图像均使用的窗口大小为 15 像素×15 像素，即最小值滤波的半径为 7 像素。由上述几幅图像可以明显地看到暗通道先验理论的普遍性，基本符合这个先验规律。

4.1 暗原色先验去雾原理

在计算机图形学中，常用的雾天图像成像模型如下：

$$I(x) = J(x)t(x) + A(1 - t(x)) \tag{4.2}$$

式中，x 为空间坐标；$I(x)$ 为有雾图像；$J(x)$ 为场景辐射度或清晰无雾的图像；A 为整体大气光值；$t(x)$ 为介质传输率。

从大气散射模型中可以看出，退化模型有多个未知参数，显然是个病态求解问题。只有通过估计参数 A 和 $t(x)$ 才能从 $I(x)$ 中恢复 $J(x)$。

将式(4.2)稍作处理变形如下：

$$\frac{I^c(x)}{A^c} = t(x)\frac{J^c(x)}{A^c} + 1 - t(x) \tag{4.3}$$

如上所述，c 表示 R、G、B 三个颜色通道。

为了估计透射率 $t(x)$，假设大气光值 A 已知，局部区域 $\Omega(x)$ 内透射率 $\tilde{t}(x)$ 恒定不变，进行两次最小值运算，便可得到

$$\min_{y\in\Omega(x)}\left[\min_c \frac{I^c(y)}{A^c}\right] = \tilde{t}(x)\min_{y\in\Omega(x)}\left[\min_c \frac{I^c(y)}{A^c}\right] + 1 - \tilde{t}(x) \tag{4.4}$$

式中，J 是待求的无雾图形，根据前述的暗原色先验理论有

$$J^{\text{dark}}(x) = \min_{y\in\Omega(x)}(\min_c(J^c(y))) = 0 \tag{4.5}$$

因此，可推导出

$$\min_{y\in\Omega(x)}\left[\min_c \frac{I^c(y)}{A^c}\right] = 0 \tag{4.6}$$

将式(4.6)结论代回式(4.3)中，得到透射率的估计值：

$$\tilde{t}(x) = 1 - \min_{y\in\Omega(x)}\left[\min_c\left(\frac{I^c(y)}{A^c}\right)\right] \tag{4.7}$$

在现实生活中，即使是晴朗的天气，空气中也存在一些颗粒，因此，看远处的物体还是能感觉到雾的影响。此外，雾的存在让人类感到景深的存在。为了保留一部分残雾，使图像具有深度感，引入修正系数 $\omega(0 < \omega \leqslant 1)$，则式(4.7)可以重新表述为

$$\tilde{t}(x)=1-\omega\min_{y\in\Omega(x)}\left[\min_{c}\left(\frac{I^{c}(y)}{A^{c}}\right)\right] \tag{4.8}$$

根据大气散射模型，一旦求出透射率$t(x)$和大气光值A，则根据式(4.2)就可以恢复场景深度：

$$J(x)=\frac{I(x)-A}{\max(t(x),t_0)}+A \tag{4.9}$$

为了减小复原后图像的噪声，设定$t_0=0.1$。大气光值A的估计方法为：先找出J^{dark}中亮度最大的前 0.1%像素，然后选取这些像素对应的原图像中像素最大值。基于暗原色先验实现图像去雾的示例如图 4.3 所示。

(a) 有雾图像　(b) 粗透射率分布图

(c) 细化后透射率分布图　(d) 去雾图像

图 4.3　暗原色程序举例

由局部区域透射率不变的假设导致计算的透射率图中存在方块效应，因此采用软抠图(soft matting)方法可以获得优化的投射率图 $t(x)$ 。但是该方法运算速度太慢，在实际应用中存在很大的局限性。2011 年，He 等又发表了一篇论文，提出了利用导向滤波的方法提高运算效率，该方法提高了图像去雾的性能。

4.2 暗原色先验存在的缺陷

但是，He 等提出的方法建立在暗原色假设之上，对于天空、白色物体、水面等区域并不适用。如图 4.4 中所示的场景，图 4.4(a)中包含雪花和白色地面，图 4.4(b)中包含白色水面。这些区域的像素值很大，暗原色直方图分布偏高(如图 4.4(c)和(d)所示)，区域内找不到像素值接近于 0 的暗原色点，暗原色假设不成立。

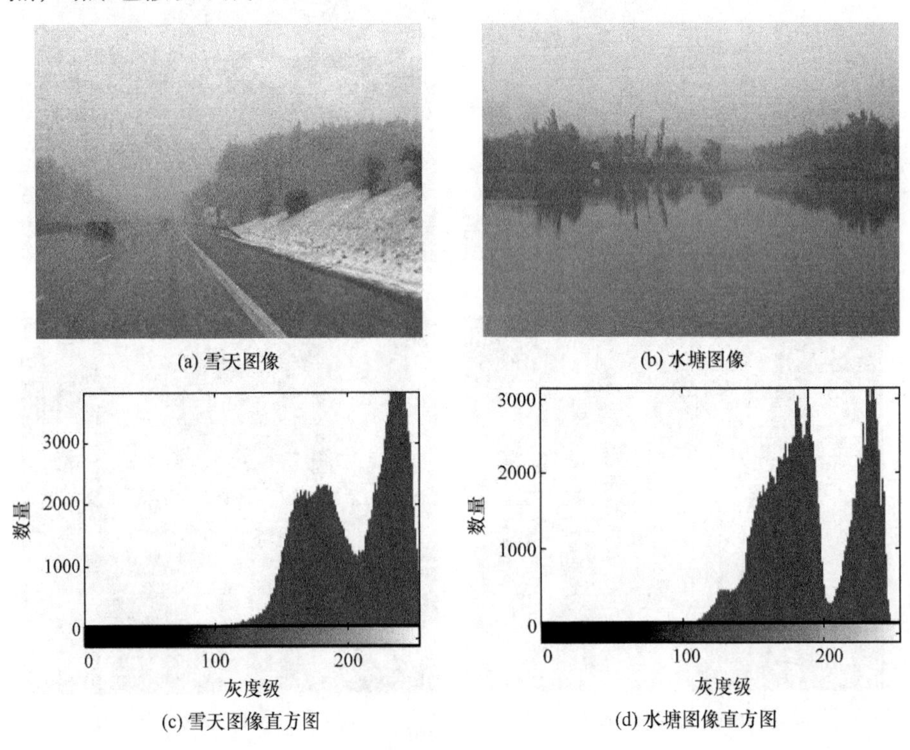

图 4.4　白色场景

因为，这些区域暗通道值 $J^{\text{dark}}(x)$ 通常比较大，不会约等于 0，即

$$t(x)=(1-I^{\text{dark}}(x)/A) < \frac{1-I^{\text{dark}}(x)/A}{1-J^{\text{dark}}(x)/A} \tag{4.10}$$

所以，利用以上方法对明亮区域估计所得到的透射率偏小。式(4.1)等价于：

$$J(x)=I(x)+\left(\frac{1}{t(x)}-1\right)(I(x)-A) \tag{4.11}$$

由式(4.10)和式(4.11)可以看出，$t(x)$ 的值总是小于等于 1。因此，单幅图像的除雾可以看作是一种空间变化的细节增强[161,162]，其细节层为 $(I(x)-A)$，放大因子为 $\left(\frac{1}{t(x)}-1\right)$ 且随空间变化。天空亮度常常与雾霾图像中的大气光相似，因此可表达为

$$(I(x)-A) \to 0 \tag{4.12}$$

假设 x 为天空区域的像素点，$|A-I(x)| \in (0,20)$ 且 $t(x)=0.1$，那么，根据式(4.11)，$J(x)$ 将在 $(I(x), I(x)+180)$ 范围内变化，这说明导致天空区域像素通道间色彩值的微小差异在除以一个较小的透射率 t 值之后会被严重放大。如图 4.5 所示，图(a)为原始图像，图(b)为直接利用暗原色先验方法恢复获得的图像，其中方框中区域被放大。由图中看出，天空区域存在方块效应和色彩严重失真现象，并且图像整体亮度偏暗，影响了整体视觉效果。因此，设计针对天空区域的去雾方法是有必要的。

(a) 原始图像

(b) DCP直接去雾

图 4.5　利用暗原色先验方法去雾的效果

4.3　基于天空区域分割的方法

针对以上问题，本节基于暗通道原理设计了针对大面积天空区域的去雾方法，在天空区域分割的基础上对透射率进行重新映射，并且对恢复后的图像进行亮度调整，从而达到增强其视觉效果的目的。结合大气散射模型，提出的去雾方法具体分为三个步骤：①天空区域分割，首先对原始图像进行四叉树分解获得天空子块，然后将其作为种子点进行区域增长分割天空区域。②透射率融合，基于天空区域分割图像进行边界模糊，并将其作为权重分布图对将暗原色先验获得的透射率进行重新映射。③图像的恢复，获得大气光值 A，并基于大气散射模型对图像复原且进行亮度调整。整个去雾方法流程如图 4.6 所示。

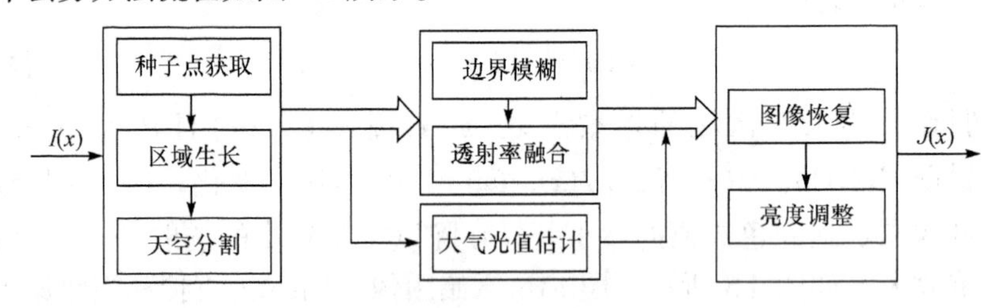

图 4.6　去雾方法流程框图

4.3.1　天空区域分割

通过观察可知，对于包含天空的雾霾图像，其近景色彩相对丰富，而远处的天空区域，由于雾霾的作用，其灰度值较大且相对均匀。因此，为了找出具有高亮度值且平滑的连通区并标记为天空，采用基于区域生长的分割方法。方法具体步骤如下：

1) 种子点自动获取

区域生长方法的基本思想是通过一个或者一组初始种子，将该种子周围具有相似性质的像素点归并到种子像素所在的区域。因此，种子点即初始像素的选取直接影响区域生长的效果。为了能够自适应选择种子点，采用四叉树分解的方法进行搜索。其基本过程为：先将图像分成 4 个大小相同的块，然后判断每个块是否满足所给定的标准，如果满足，则该图像块按照同样的方法继续将其均分成 4 个子块。该过程不断迭代下去，直到满足终止条件。四叉树分解如图 4.7 所示。

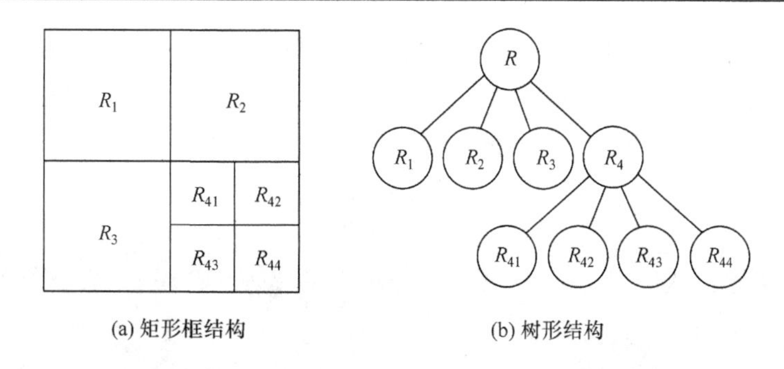

(a) 矩形框结构　　(b) 树形结构

图 4.7　四叉树分解

Kim 等[158]为了估计大气光值 A，曾经将区域均值最大作为继续分解的条件。该方法能够获得天空子区域，但是对于区域内有白色物体的情况容易失效。为了提高定位的准确性与鲁棒性，本章在基于四叉树分解搜索方法的基础上，根据天空区域主要分布于图像中部或上部的经验知识，将图像下半部分乘以一个小于1的系数 η，其具体步骤如 3.3 节内容所示。图 4.8 为利用不同的 S_T 进行分解的结果，可以看出 S_T 值越大，四叉树分解终止过程越快。

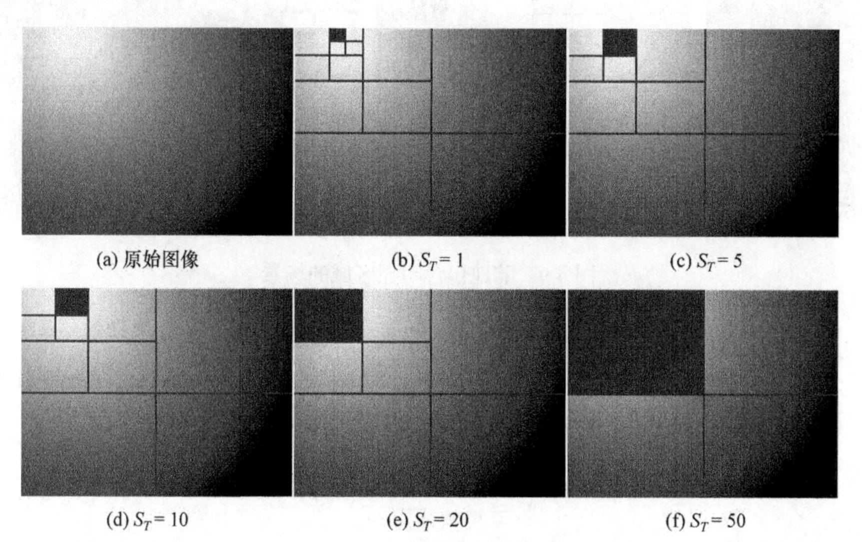

(a) 原始图像　　(b) $S_T=1$　　(c) $S_T=5$

(d) $S_T=10$　　(e) $S_T=20$　　(f) $S_T=50$

图 4.8　利用不同 S_T 进行分解的结果

利用以上准则，最终可获得属于天空的区域。

作为对 Kim 方法[158]的优化，上述方法能够适用于包括水面或白色物体的图像，部分结果如图 4.9 和图 4.10 所示，其中第一行为原始图像，第二行为 Kim 方法的结果，最后一行为本章提出方法的结果，由图可以看出，本章方法具有一定的适应性，能够得到更精确的天空区域。

图 4.9　陆地包含明亮区域的场景

在后续步骤中，基于该区域可以计算用于区域生长的种子点。对于种子点区域内部点定义如下准则：设种子点区域 D 的大小为 $m \times n$， D 中任意一点 (x, y) 处的灰度值记为 $R(x, y)$，计算 D 的平均灰度：

$$R_{\text{ave}} = \frac{1}{mn} \sum_{(x,y)\in D} R(x, y) \tag{4.13}$$

然后计算 D 中任一点灰度值与 R_{ave} 的差值：

$$R_{\text{dif}}(x, y) = \left| R(x, y) - R_{\text{ave}} \right| \tag{4.14}$$

图 4.10　包含水域的场景

最后，选取 (x_s, y_s) 为种子点，使得 $I_{dif}(x_s, y_s) = \min_{(x,y)\in D} R_{dif}(x, y)$ 。利用本章方法获得的天空区域和种子点示意图如图 4.11 所示，其中图(a)为利用本章方法进行四叉树分解的结果，矩形为属于天空的区域；图(b)为利用式(4.13)、式(4.14)计算得到的种子点。

2) 区域生长判决条件及生长过程

在种子像素点 P 选定后，区域生长便从 P 点开始出发，向该点的邻域进行搜索。同时，规定一个门限阈值 T ，当搜索点的灰度与 P 点的灰度差小于 T 时，则认为此点属于同一目标，并作标记 L ，这样目标上的点会逐步标记 L ，重复以上过程向其邻域继续搜索，直到找不到符合规则的像素为止，最终就可以得到目标图像对应的区域。

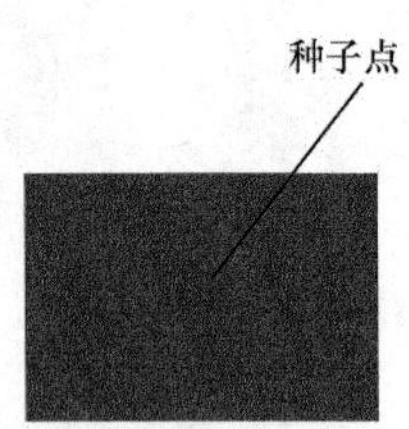

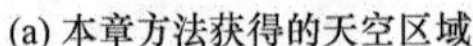

(a) 本章方法获得的天空区域　　(b) 种子点获取

图 4.11　基于四叉树的种子点获取结果

计算种子区域中的像素点与候选像素(即与种子区域新生长进来的像素有八连通的像素)之间的相似性是否满足基于区域灰度差的生长准则，可表示为

$$\left|I(x,y)-M\right|\leqslant T \tag{4.15}$$

式中，$T=k\sigma$，M和σ分别表示当前已生长区域的所有像素点灰度平均值和标准差，k是自定义的系数，如果邻域中像素点的灰度值属于这个区间，则被接纳，否则就被拒绝。

区域生长方法流程如图 4.12 所示。首先选择目标区域中一个或多个点(种子区域)加入到已生长区域，并以此作为生长起点，计算已生长区域中所有像素点灰度平均值和标准差，接着判断目前区域的邻域中是否有符合生长准则的像素点，如果存在就将其划分入已生长区域，这样就完成一次迭代。第一次迭代完成后，重复上述步骤，直到没有满足条件的邻域像素点划入已生长区域为止，区域生长方法结束。

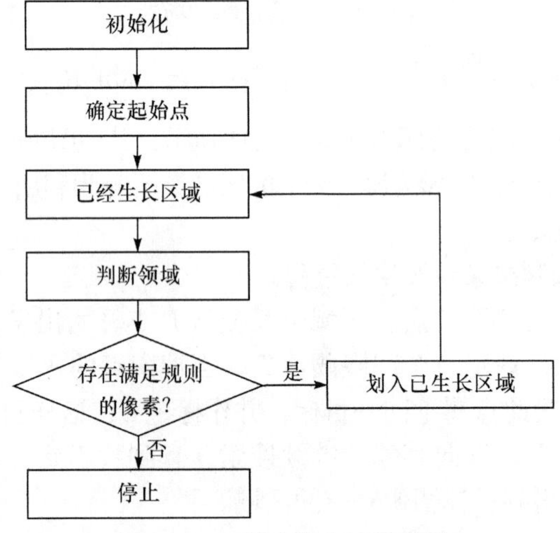

图 4.12　区域生长方法流程图

最终，整幅图像中所有的像素点分为两类：天空区域和非天空区域，用二值图表示为

$$g(x,y)=\begin{cases}0, & \text{非天空区域}\\ 1, & \text{天空区域}\end{cases} \tag{4.16}$$

天空分割样例如图 4.13 所示，其中，图(a)为包含天空的雾霾图像，图(b)为分割后的图像(白色区域为天空，黑色区域为非天空区域)。

(a) 原始图像

(b) 天空分割结果

图 4.13　天空区域分割

4.3.2　大气光值估计

由于已经根据 4.3.1 节中方法得到了天空区域，则可以直接由天空区域图像计算其大气光值。具体步骤为：首先将属于天空区域的像素值提取出来，然后对该区域内的像素值进行降序排列，选取天空区域中亮度最大的 1%像素的灰度平均值作为大气光值 A，用公式表示为

$$A=\text{mean}(\max^{0.01}R(x)) \tag{4.17}$$

利用上述方法求得的雾最浓区域用白色标识 1 表示。实验结果表明，这样选取可以在一定程度上抵消天空区域白色云朵的影响，又能排除图像中可能存在的椒盐噪声引发的估值偏差。

4.3.3　透射率融合与细化

计算得到 A 后，结合天空识别与暗原色先验的原理，可以利用等式(4.7)估计出透射率 $\tilde{t}(x)$。由天空区域得到的透射率偏小且不均匀，因此将天空区域的透射率统一设置为定值 t_{sky}，而非天空区域保留当前计算的透射率，即

$$t(x)=\begin{cases} t_{\text{sky}}, & I_{\text{seg}}(x)=1 \\ \tilde{t}(x), & I_{\text{seg}}(x)=0 \end{cases} \tag{4.18}$$

如果天空区域的透射率被统一设置成一个固定值，那么在复原图像的天空区域和非天空区域的交界处会存在较大的灰度突变。因此，为了提高视觉效果，需要利用图像融合技术将 t_{sky} 和 $\tilde{t}(x)$ 按照一定比例进行融合。采用数据级融合中的加权平均方法对介质传输率进行柔性处理，其表达式为

$$t(x)=\omega_1\times t_{\text{sky}}+\omega_2\times\tilde{t}(x) \tag{4.19}$$

式中，ω_1 和 ω_2 为加权系数，且满足 $\omega_1+\omega_2=1$ 的约束条件。

对于天空区域分割后获得的二值图，其中任意一点完全属于天空或完全不属于天空，但是对其进行模糊处理后，便可以使得边界处灰度值过渡平缓，将其作为 $\tilde{t}(x)$ 的权重图，便可以实现透射率的融合。而高斯模糊的方法正是将图像中每一个像元点的值转化为由该像元邻域内所有像元值的加权平均，其具有各向同性和均匀特性。如二维模板大小为 $m\times n$，则模板上的元素 (x,y) 所对应的高斯计算公式为

$$G(x,y)=\frac{1}{2\pi\sigma^2}\mathrm{e}^{-\frac{(x-m/2)^2+(y-n/2)^2}{2\sigma^2}} \tag{4.20}$$

式中，σ 为正态分布的标准差，σ 值越大，图像越模糊。

将分布不为零的像素组成的卷积矩阵与原始图像作变换，便可以得到滤波后的分布图，用公式表示为

$$I'_{\text{seg}}(x)=I_{\text{seg}}*G \tag{4.21}$$

式中，*表示卷积。每个像素的值都是周围相邻像素值的加权平均，原始像素的值有最大的高斯分布值，所以有最大的权重，相邻像素随着距离原始像素越来越远，其权重也越来越小。这样进行模糊处理比其他的均衡模糊滤波器更高地保留了边缘效果。

最终，透射率融合的方式如下：

$$t(x)=t_{\text{sky}}\times I'_{\text{seg}}(x)+\tilde{t}(x)\times(1-I'_{\text{seg}}(x)) \tag{4.22}$$

式中，t_{sky} 为天空区域的固定透射率值；若 $I'_{\text{seg}}(x)=1$，即完全属于天空，则改点的透射率为固定值；若 $I'_{\text{seg}}(x)=0$，即完全不属于天空，计算式的值不变，不影响正常去雾。如图 4.14 所示，图(a)为高斯模糊原理图，图(b)为利

用高斯模糊对 4.13(b)进行处理后的结果，白色区域和黑色区域分别为图像中的亮区和暗区，分别表示天空和非天空。

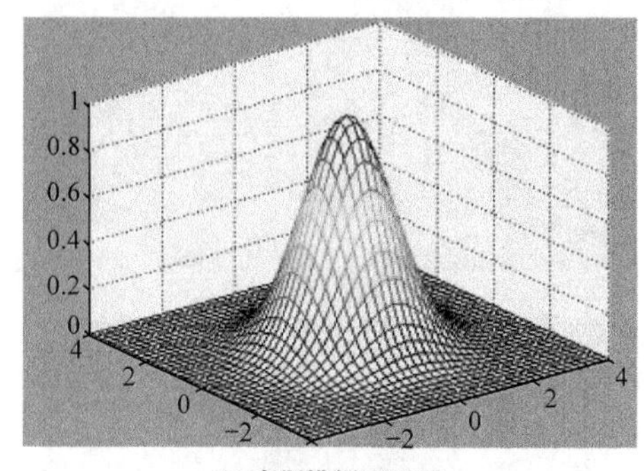

(a) 高斯模糊原理图

(b) 天空分割结果

图 4.14　边缘模糊

粗糙的传输率会导致复原图像存在明显的块效应，在此使用引导滤波来优化介质透射率。该方法假定引导图像 I 和滤波器输出 q 之间存在局部线性关系，即

$$q_i = a_k I_i + b_k, \quad \forall i \in \omega_k \tag{4.23}$$

式中，ω_k 是一个半径为 r 的模板；a_k 和 b_k 是窗口内恒定的系数，这保证了输出图像 q 的边缘与引导图像 I 的边缘保持一致，从而能达到既可以保留半圆信息又能平滑图像的目的。本章利用式(4.14)得到的粗糙透射率为引导滤波器的输入，有雾图像为引导图像，得到优化后的透射率。以图 4.15 为例，经过引导滤波处理后，输出介质传输率的边缘特性得到了显著提高，边缘处与平坦区域之间的衔接更自然。

(a) 原始DCP

(b) 融合后DCP

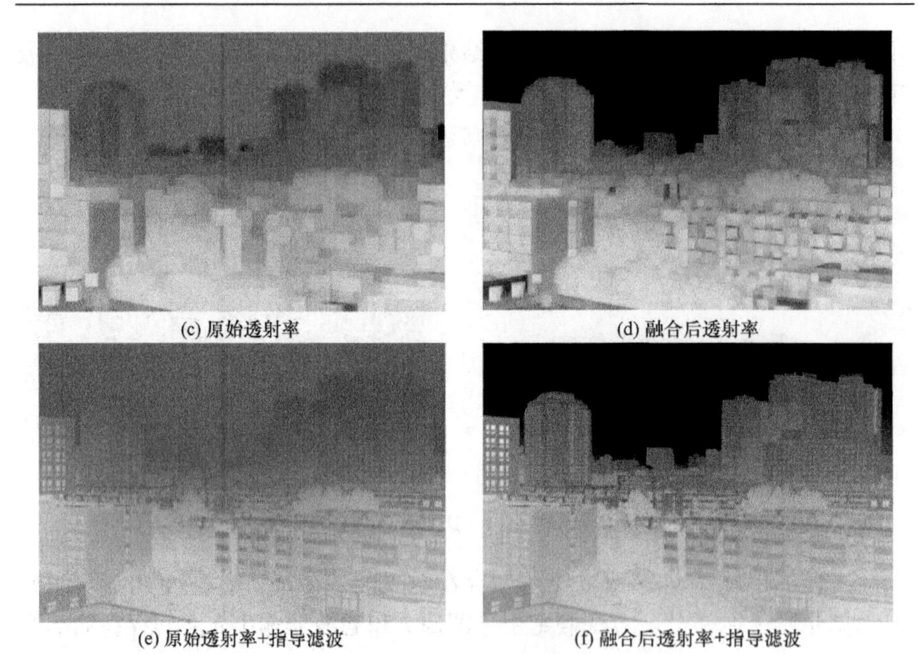

(c) 原始透射率　　(d) 融合后透射率

(e) 原始透射率+指导滤波　　(f) 融合后透射率+指导滤波

图 4.15　透射率融合

图 4.16 为粗传输图(第一、四、七行)、细化后传输图(第二、五、八行)和恢复图像(第三、六、九行)随 t_{sky} 变化的情况。由图中看出，随着 t_{sky} 的变大，输出图像颜色失真越严重。在实际应用中，t_{sky} 常常根据经验设置为 0.35。

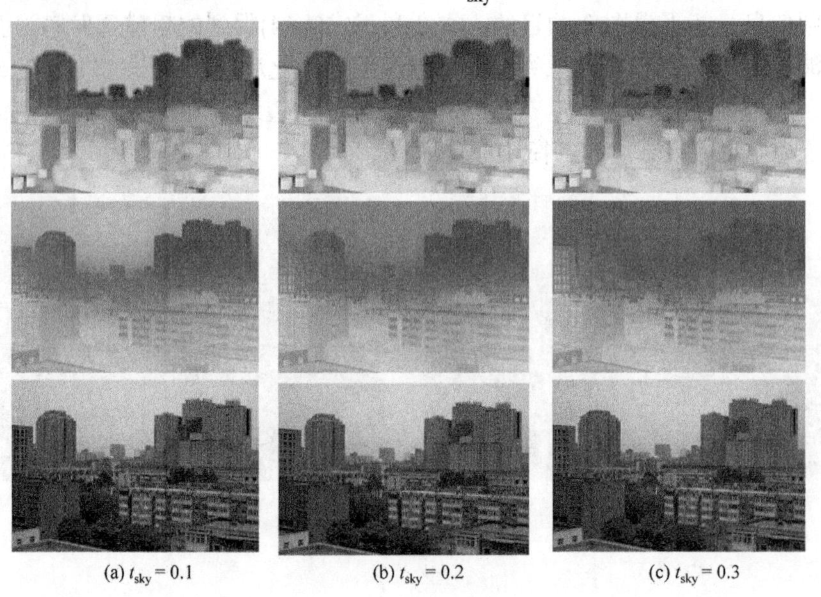

(a) $t_{sky}=0.1$　　(b) $t_{sky}=0.2$　　(c) $t_{sky}=0.3$

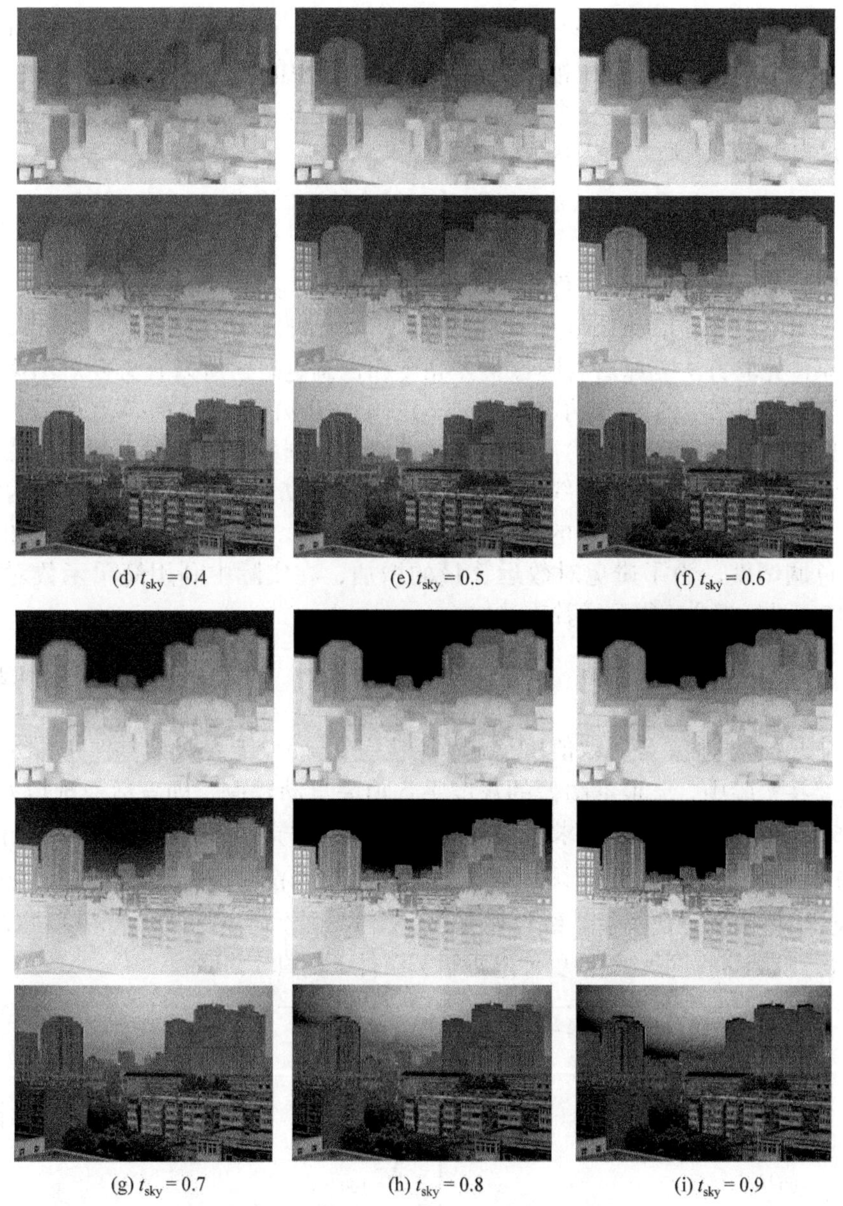

图 4.16　参数 t_{sky} 变化对去雾结果的影响

4.3.4　图像恢复与色调调整

在求得透射率 $t(x)$ 和大气光值 A 的基础上，根据式(4.4)即可直接恢复出场景在理想条件下的无雾图像。但当$t(x)$趋近于 0 时，直接衰减项趋近于0，导致去雾图像像素值被过度放大，此时复原的图像可能包含噪声，所以，对透射率$t(x)$设定一个下限t_0，使得图像去雾效果更加自然，则可以得到最终去雾后图像J的表达式：

$$J(x) = \frac{I(x) - A}{\max(t(x), t_0)} + A \tag{4.24}$$

式中，t_0为设定的约束条件，实验中t_0取值为 0.1。

此外，受环境和光照的不同影响，部分雾天图像本身亮度偏低，基于暗原色先验方法复原后的图像整体亮度和色调更暗，所以有必要对图像进行调整。根据韦伯-费希纳定律(Weber-Fechner law)，人眼的主观亮度是物体反射的光线照射到人眼的视网膜使视神经受到刺激获取的，主观亮度感觉L_d和客观亮度L_0呈对数线性关系，即$L_d = \beta \lg L_0 + \beta_0$，式中$\beta$和$\beta_0$为常数。主观亮度与客观亮度的关系如图 4.17(a)所示，利用该曲线进行复原图像的色调调整。为了避免对数运算量的增加，在实际中利用简单函数对图 4.17(a)进行拟合，得到函数表达式为

$$L_d = \frac{L_0(255 + k)}{L_0 + k} \tag{4.25}$$

式中，k为调整系数，取值越小表示调整程度越大，调整曲线如图 4.17(b)所示。在实验中，k根据图像的灰度平均值来自动获取，即自适应地取$k = 1.5\text{mean}(I(x))$，mean 为求平均。色调调整前后的图像对比度如图 4.17(c)和(d)所示，其中下部为矩形框中的放大区域。图(c)虽然将雾气移除，但是整体亮度偏暗，色调不佳，经过调整后，图(d)相比于图(c)的整体亮度和对比度得到了提高，视觉效果更加逼近晴天条件下的真实场景。

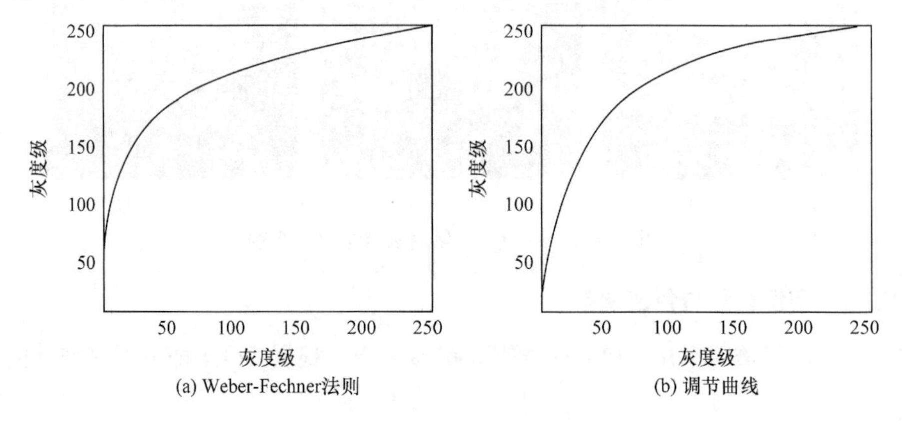

(a) Weber-Fechner法则　　(b) 调节曲线

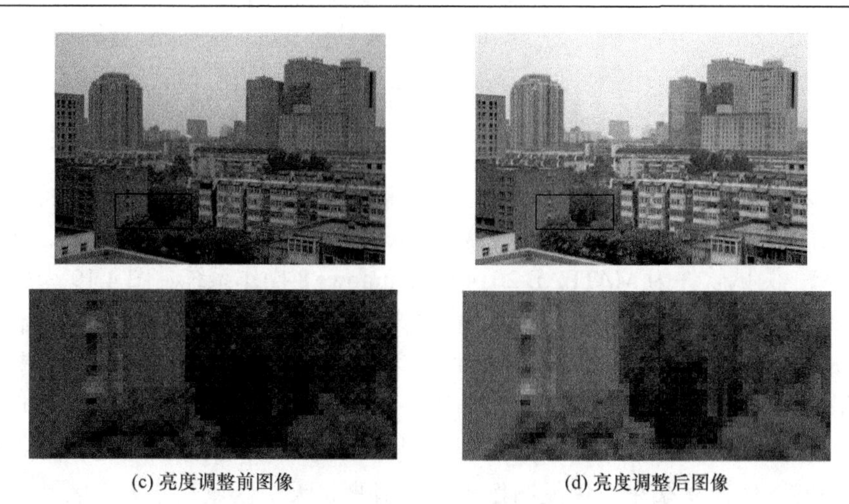

(c) 亮度调整前图像　　(d) 亮度调整后图像

图 4.17　图像色调调整

本章方法的流程图如图 4.18 所示。

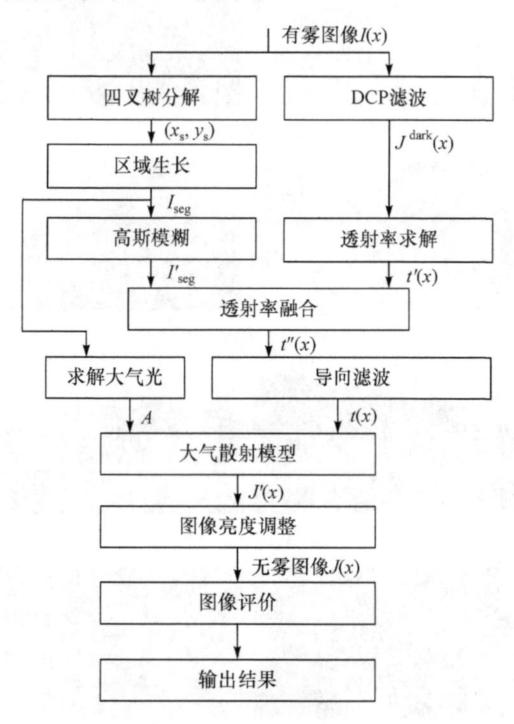

图 4.18　本章方法的整体流程

4.4 实验结果分析

为了衡量去雾方法的有效性，本节搭建实验平台并编制程序。实验平台硬件为 Dell 笔记本电脑，处理器为 Intel(R) i7-5500U CPU@2.4GHz，8GB RAM，测试软件为 MATLAB 2014b，Windows 8 操作系统。图 4.19 为原始图像及利用本章方法处理部分实验图像后的结果。其中，图(a)为原始图像；图(b)为天空搜索的结果，通过矩形将天空中的子区域准确标记出来；图(c)为采用本章方法识别天空与非天空结果图，白色为天空，黑色为非天空(与人眼观察结果基本一致)；图(d)为进行融合后得到的透射率图；图(e)为最终的图像恢复结果，恢复图像中细节清晰，天空区域和非天空区域过渡自然，这得益于透射率估计方法的可行性和有效性。

(a) 原始图像

(b) 天空搜索结果

(c) 本章方法结果

(d) 融合后结果

(e) 图像恢复结果

图 4.19　本章方法的部分去雾实验结果

为了体现本章方法的先进性，实验中采用经典图像增强方法、He 方法[142]、Tarel 方法[193]、Meng 方法[184]和 Zhu 方法[101]进行去雾，并与本章方法进行结果比较，比较的内容涉及主观评价和运算复杂度，其中，定性以主观的视觉评价为主，定量采用客观评价指标。

4.4.1　主观定性评价

图 4.20 显示了本章方法和一些传统图像增强方法的去雾结果。其中，图(a)是雾霾图像，图(b)～(f)分别为利用直方图均衡化、同态滤波、Retinex 方法、小波变换和本章方法的实验结果。由图(b)～(f)可以看出，处理后的图像视觉效果都有不同程度的改善。由图(d)可以看出，图像的对比度显著提高，细节变得更加明亮，然而色彩的色调发生了显著的变化，失去了原来的

(a) 雾霾图像　(b) 直方图均衡化　(c) 同态滤波

(d) Retinex方法　(e) 小波变换　(f) 本章方法

图 4.20　本章方法与传统方法的比较

本来面目。图(b)和(e)整体上色调偏移最小，但改进效果不理想，而同态滤波方法(图(c))使得图像整体色彩灰暗。本章提出的方法在色调和细节恢复方面对雾霾图像都有明显的改善，视觉效果明显优于其他方法。

图 4.21 给出了 5 组各方法的部分去雾实验结果，图(a)～(f)分别为原始图像和利用 He 方法[142]、Tarel 方法[193]、Meng 方法[184]、Zhu 方法[101]、本章方法处理的结果。从图中可以看出，以上各种方法对于雾霾图像的视觉效果都有明显的改善，对比度得到了增大，景物清晰可辨，但是对于图像中的天空区域，He 方法和 Meng 方法均出现了方块噪声及色彩严重失真现象，这是因为天空的透射率估计值过小，噪声和颜色范围得到大比率夸大。虽然利用 Tarel 方法处理后的天空区域平滑，但是复原图像中的天空与非天空交界处出现不同程度的白边现象(如第五幅图像中矩形框中放大部分)。而本章方法通过融合的方法对整幅图像的透射率进行了特殊处理，复原图像中天空区域和非天空区域对比度更高，边界过渡自然，所以图像整体效果更好。

(a) 原始图像　　(b) He方法　　(c) Tarel方法

(d) Meng方法　　(e) Zhu方法　　(f) 本章方法

图 4.21　各方法的部分去雾实验结果

4.4.2　客观定量评价

对于处理后图像的客观评价，采用 3.5.2 节中所述方法，从 MSE 、PSNR 和 SSIM 三个方面进行衡量。其中，MSE 、PSNR 和 SSIM 皆为归一化后数据。

对图 4.21 中的图像进行测试后获得的量化实验结果，如表 4.1 所示。

表 4.1　客观评价指标

图像	技术指标	He 方法	Tarel 方法	Meng 方法	本章方法
图像 1	MSE	0.97	0.79	1	0.6
	PSNR	0.62	0.77	0.6	1
	SSIM	0.6	0.86	0.82	1
图像 2	MSE	1	0.6	0.8	0.6
	PSNR	0.6	0.99	0.73	1
	SSIM	0.6	1	0.71	0.98
图像 3	MSE	0.84	0.66	1	0.6
	PSNR	0.68	0.86	0.6	1
	SSIM	0.75	0.8	0.6	1
图像 4	MSE	1	0.79	0.79	0.6
	PSNR	0.6	0.73	0.73	1
	SSIM	0.69	0.87	0.6	1
图像 5	MSE	0.95	0.64	1	0.6
	PSNR	0.62	0.89	0.6	1
	SSIM	0.66	0.91	0.6	1

根据表 4.1 计算得到的综合指标如图 4.22 所示。

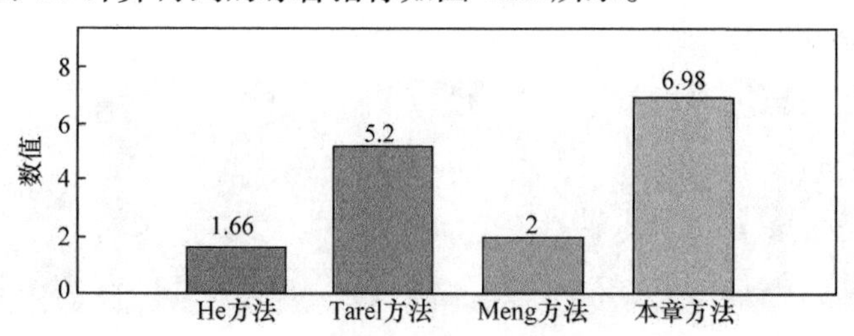

图 4.22　本章方法的部分去雾实验结果

由表 4.1 和图 4.22 中数据可以看出，本章方法在MSE 和PSNR 方面都超过了 He 方法、Meng 方法和 Tarel 方法。虽然第二幅图像的SSIM 性能略逊于 Tarel 方法，但在整体效果上远远超过了 Tarel 方法，达到了最好。

4.4.3　运算复杂度

为了验证本章方法在处理速度上的优势，运用不同大小的图像进行试验，并且将本章方法与 He 方法[142]、Tarel 方法[193]、Meng 方法[184]进行比较。由表 4.2 看出，He 方法处理单幅图像的运算效率最低，主要因为软抠图是一个大规模稀疏线性方程组的求解问题，具有很高的计算复杂度，且只能计算有限尺寸图像。Tarel 方法采用中值滤波的方法进行优化，但是该方法随着图像的增大，计算复杂度迅速增加。Meng 方法和本章方法运算效率相当，本章方法采用了引导滤波，随着图像的增大，其运行速度增加。

表 4.2　运算复杂度比较　　(单位：s)

分辨率/像素	He 方法	Tarel 方法	Meng 方法	本章方法
600×400	21.76	7.65	1.24	1.06
800×600	47.92	23.14	2.29	1.98
1024×768	83.77	56.87	3.79	3.77
1600×1200	—	303.15	9.38	7.89

4.4.4　浓雾图像实验结果

利用本章方法对浓雾图像进行了测试，这是一个很大的挑战性工作。实验结果如图 4.23 所示，图(a)是浓雾图像，图(b)是去雾复原图像。可以看出，图像复原的效果不尽人意，然而，恢复后的图像没有块效应，这与人类的视觉感知保持一致。

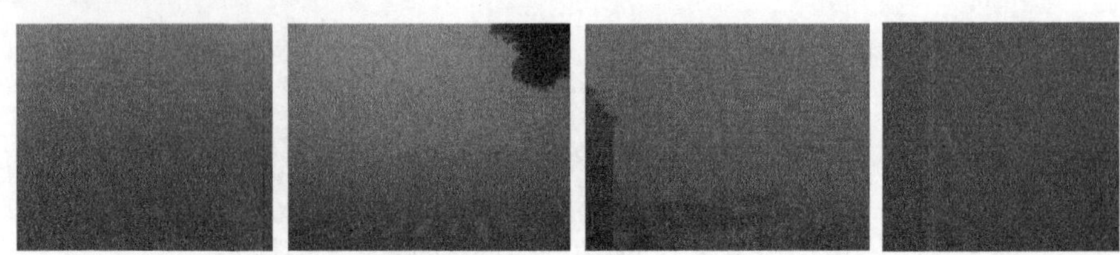

(a) 浓雾图像

(b) 复原图像

图 4.23　浓雾图像实验结果

4.5 结　论

本章针对传统的暗原色先验去雾方法对天空区域处理时存在的方块效应和色彩失真问题，提出了一种基于区域分割和特征融合的优化方法，通过设计基于区域平均梯度和灰度信息对图像进行四叉树分解，获得包含天空的区域，并将其作为种子点进行区域生长，分割得到天空区域和非天空区域两部分，对天空分割后的二值图进行高斯模糊，将其作为权重图实现了对透射率图的融合和优化。此外，本章还对复原图像存在亮度低的问题利用人眼视觉感知机理对图像进行色彩补偿。大量实验结果表明，采用本章方法恢复的图像整体清晰自然，特别适合包含大面积天空区域的雾霾图像处理。本章方法存在的主要问题是图像处理效率较低，无法满足视频的处理，如何提高实时性仍然需要进一步改进和完善。

第 5 章　一种基于灰度投影的大气光值获取方法

目前，大多数去雾方法研究的重点是为了提高传输率估计的质量，而对大气光值通常采用粗略估计的策略或利用简单的规则来计算[14]。事实上，大气光值的估计跟传输率的估计一样重要，一个错误的大气光值计算会导致去雾后的图像看起来不自然，甚至会导致复原图像色彩的失真，如图 5.1 所示。其中，图(a)为雾霾图像；图(b)为利用颜色向量错误的大气光值恢复后的图像，由图可以看出，大气光颜色向量错误会导致图像色彩发生偏移，直接影响图像的真实性；图(c)中，大气光值过低，导致恢复后图像整体亮度偏亮；图(d)为大气光值估计过高，导致复原的图像整体颜色偏暗。

(a) 雾霾图像　(b) 颜色偏移

(c) 恢复图像过亮　(d) 恢复图像过暗

图 5.1　大气光值错误对复原图像的影响

因此，准确估计雾天图像中的大气光值在图像去雾中具有重要作用。本节在对雾霾图像中天空区域的灰度特性进行分析的基础上，针对当前大气光值获取方法效率低和误差大的不足，提出一种基于灰度投影的大气光区域搜索方法。该方法通过一次简单快速的平均滤波获得图像大体灰度分布，然后利用水平方向和垂直方向的投影定位天空区域，最后通过统计方法得到天空大气光值。该方法得到的大气光值与人眼选择的大气光值基本保持一致，运算速度快，鲁棒性高，更具有应用价值。

在本章中，5.1 节介绍了当前的大气光值获取方法；5.2 节介绍了灰度积分投影；5.3 节介绍了本章提出的大气光值获取方法，5.4 节分析了实验结果；5.5 节给出了结论。

5.1　当前的大气光值获取方法

针对大气光值的获取，研究人员提出了一些有效的方法。例如，Narasimhan 等[96]利用人机交互的方式选取了一组颜色相同但景深不同的区域，通过计算各区域的灰度分布得到大气光值，但这种频繁的操作使得其不能应用于实际场景中。Fattal 提出了一种用户辅助的方法，通过选取若干个不同反照率的图像块，将包含所选图像块内像素的 RGB 平面相交估计得到大气光值[193]；后来，他又提出了一种自动估计大气光值的方法[228]，在文献[193]所述方法的基础上，通过自动选取不同反照率的图像块，计算最小化透射率和表面反照率之间的相关性来估计大气光值。Wang 等[141]认为雾中灰暗像素既存在于深度图像中最深最大区域，也存在于雾霾图像中平滑区域，将雾霾灰暗区域的像素值进行平均就可获得大气光值。

Tan[125]假设图像中最亮的像素为饱和状态，并依此估计大气光值，然而，当图像中存在白色物体时失效。He 等[142]提出的暗通道方法中，大气光值由 0.1%暗原色最亮区域所对应的像素估计得到。其后，Meng 等[184]对 He 方法进行了改进，通过选取 RGB 三个通道最小值图的最大值作为大气光值 A，这种不准确的大气光值估计方法直接导致得到的介质透射率是不准确的。Tarel 等[193]首先对图像进行白平衡，然后利用纯白大气光向量 $A=[1,1,1]$ 进行去雾。Kim 等[158]提出了一种四叉树分解的方法，通过分层搜索的策略不断分割选取灰度均值最大区域，但是该方法对于空间存在白色物体的图像会失效[229]。后来，Park 等[206]通过变换图像进行了完善，利用最小化欧几里得范数估计得到相对可靠的大气光值。Pedone 等[210]对自然图像中大气光颜色频率进行统计，依此设计鲁棒性的求解方法得到大气光的色度值，该方法计算简单。Fattal 等[130]通过基于全局正则化原理生成的颜色线提取大气光值，但该方法对于包含丰富细节的图像，颜色会显著偏移[230]。Cheng 等[211]提出了一种基于颜色分析的大气光值提取方法，通过在 YCbCr 空间估计颜色概率来选择候选点，该方法简单有效。Zhang 等[231]提出了一种利用聚类技术筛选潜在光源点的方法，通过求平均值得到大气光值，并将几何中心作为光源。张小刚等[232]直接选取有雾图双区域暗通道的最大值作为大气光值。Wang 等[164]通过去除白色物体和天空区域来减少对大气光值的影响，选择图像最亮的像素点作为大气光值。李权合等[233]将大气传递图的估计问题转化为二次规划问题，通过带约束的归一化最速下降法来获取最优大气光值。

总之，大气光值是图像去雾的一个重要参数，尽管上述方法都取得了一定的效果，但因存在计算量大或误差大的问题，整幅图像的去雾性能下降，所以对大气光值获取方法的研究还需要像研究传输率估计方法一样得到重视。

5.2 灰度积分投影

5.2.1 方法论

通过观察可知，雾霾图像整体色彩暗淡，天空区域表现出灰度值较亮且平滑等特点。因此，为了找出具有高亮度值且平滑的区域，采用灰度积分投影法对其进行分析。

积分投影函数是最早出现和最常用的投影函数，它反映了图像在某方向上的均值变化。假设 $I(x,y)$ 表示数字图像中 (x,y) 坐标点的像素值，则沿水平投影线 $y=y_0$ 方向在区间 $[x_1,x_2]$ 上的水平积分投影函数 $S_h(y_0)$ 的表达式为

$$S_h(y_0)=\sum_{x=x_1}^{x_2} I(x,y_0) \tag{5.1}$$

图像在水平方向和垂直方向的灰度积分投影曲线如图 5.2 所示。

有时为了描述投影方向上的平均值，又常常用平均投影函数(mean projection function, MPF)表示，其对应的水平投影函数 $M_h(y_0)$ 的表达式为

$$M_h(y_0)=\frac{1}{x_2-x_1}\sum_{x=x_1}^{x_2} I(x,y_0) \tag{5.2}$$

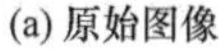

(a) 原始图像

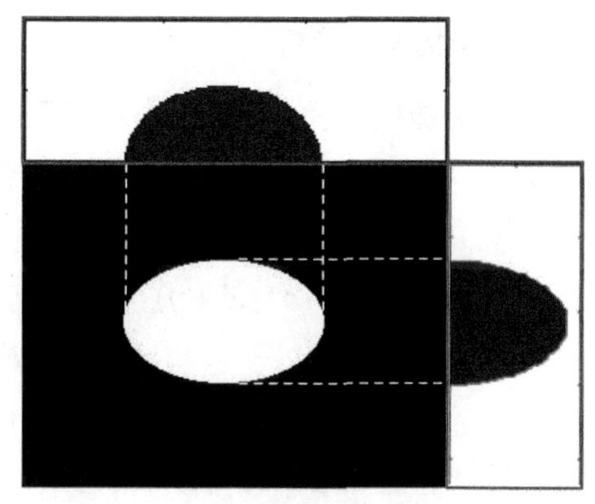

(b) 投影图像

图 5.2　灰度积分投影曲线

为了能够获得灰度值大的区域，本章提出一种基于区域积分最大值的方法。假设将雾霾图像在水平方向和垂直方向等份分割，垂直分割的个数为 m ，水平分割的个数为 n ，分割后水平方向区域宽度大小为 w ，垂直方向高度为 h ，则第 j 区域的水平投影函数为

$$(R_h)_j = \sum_{y=(j-1)h+1}^{iw} P_h(y), \quad 1 \leqslant j \leqslant n \tag{5.3}$$

$$R(I, J) = \max[(R_h)_j] \tag{5.4}$$

式中， $P_h(y)$ 表示在第 y 行方向的水平投影； $i=1,\cdots,m; j=1,\cdots,n$ 。由式(5.4)可以看出，投影获得的区域为灰度最大值。区域投影过程如图 5.3 所示，图(a)为模拟的雾霾图像，其灰度分布从上到下逐渐变化，图(b)为水平方向灰度投影曲线，图(c)为图(a)中裁剪出的投影值最大区域。

(a) 雾霾图像

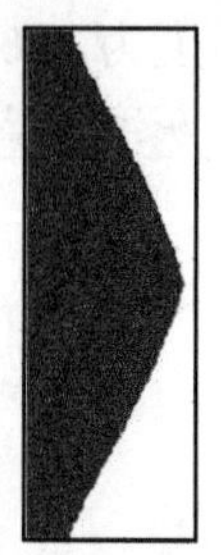

(b) 投影曲线

(c) 投影值最大区域

图 5.3　区域投影过程示例

5.2.2 抗干扰能力分析

设 X 为随机变量，其值大小对应于图像中的像素点灰度值，其数学期望与方差分别为 $E(X)$ 和 $\sigma^2(X)$ 。η 为独立的随机噪声，满足正态分布 $N(0,\sigma^2(\eta))$，则

$$\begin{aligned}\sigma^2(X+\eta) &= E(X+\eta-E(X))^2 \\ &= E(X-E(X))^2+E(\eta^2) \\ &= \sigma^2(X)+\sigma^2(\eta)\end{aligned} \tag{5.5}$$

因此，区域 R 内 k 组随机变量的方差为

$$\begin{aligned}\mathrm{Var}(R) &= \sum_{i=1}^{k}\sigma^2(X_i+\eta_i) \\ &= \sum_{i=1}^{k}(\sigma^2(X_i)+\sigma^2(\eta_i)) \\ &= \sum_{i=1}^{k}\sigma^2(X_i)+\sum_{i=1}^{k}\sigma^2(\eta_i)\end{aligned} \tag{5.6}$$

通常情况下，随机噪声的方差 $\sigma^2(\eta)$ 远远小于 $\sigma^2(X)$，即 $\sigma^2(\eta) \ll \sigma^2(X)$，所以有

$$\sum_{i=1}^{k}\sigma^2(X_i)+\sum_{i=1}^{k}\sigma^2(\eta_i) \approx \sum_{i=1}^{k}\sigma^2(X_i) \tag{5.7}$$

由此可见，灰度投影方法对随机噪声并不敏感。为了验证本章方法的抗干扰能力，在雾霾图像中加入噪声，得到的结果如图 5.4 所示，其中，图(a)为雾霾图像模型，图(d)、(g)、(j)分别为图(a)加入高斯噪声(均值为 0.1，方差为 0.03)、椒盐噪声(强度为 0.05)及线状噪声后的图像，图(b)、(e)、(h)、(k)分别为 4 幅图像水平灰度投影，图(c)、(f)、(i)、(l)分别为 4 幅图像关于天空区域定位的结果。

(a) 雾霾图像

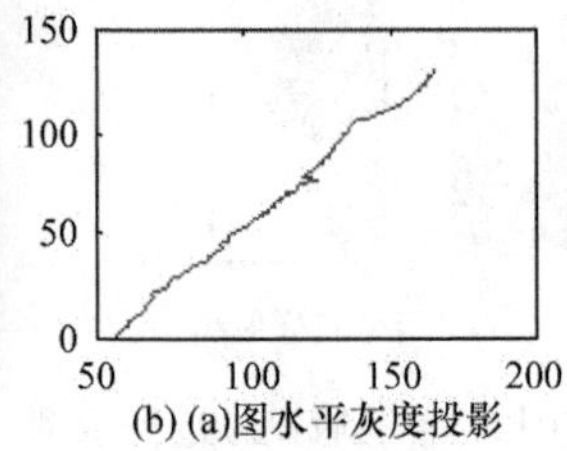

(b) (a)图水平灰度投影

(c) (a)图投影后筛选区域

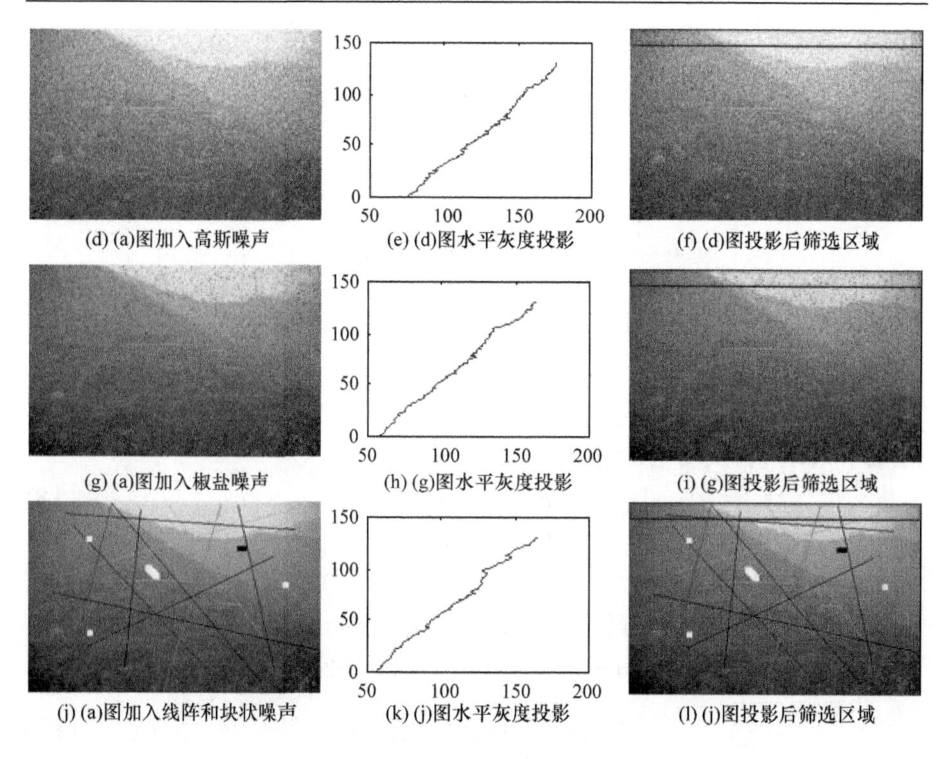

(d) (a)图加入高斯噪声　(e) (d)图水平灰度投影　(f) (d)图投影后筛选区域

(g) (a)图加入椒盐噪声　(h) (g)图水平灰度投影　(i) (g)图投影后筛选区域

(j) (a)图加入线阵和块状噪声　(k) (j)图水平灰度投影　(l) (j)图投影后筛选区域

图 5.4　区域灰度投影抗干扰能力分析

由图 5.4 可以看出，由于噪声的影响，获得的投影曲线都会有一定的变化，相比加入噪声前的投影曲线多了许多毛刺和波峰波谷，但因为该方法使用区域统计，所以加入噪声前后获得的天空区域定位结果基本一致，这说明该方法相比其他方法具有较强的抗干扰能力，有较强的鲁棒性。

5.3　大气光值估算方法

基于上述分析，本节设计了基于灰度投影的快速大气光定位方法的流程，在保证定位精度的基础上，减小方法的复杂度，使得方法能够应用于实时系统。该方法具体分为三个模块：①灰度变换，将彩色图像转换为灰度图像；②天空区域分割，基于灰度投影方法，分割包含天空区域；③计算大气光值，统计天空区域内像素点，获得大气光值。大气光值计算方法框架如图 5.5 所示。

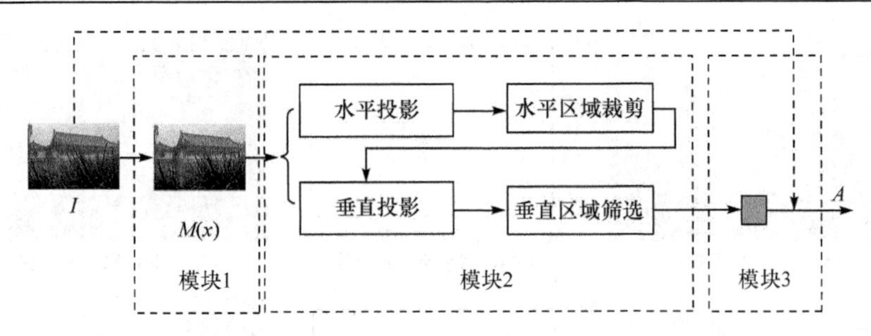

图 5.5　大气光值计算方法框架

方法具体步骤如下：

步骤 1：由于摄像机拍摄的图像是彩色图像，为了提高计算速度，需要在数字化时进行灰度化处理，即

$$Y=\omega_R R+\omega_G G+\omega_B B \tag{5.8}$$

式中，$\omega_R=0.299$、$\omega_G=0.587$、$\omega_B=0.114$ 分别为颜色分量 R、G、B 所对应的权重。

步骤 2：对获得的最小值滤波图像进行水平投影。假设输入图像 $I(x,y)$，大小为 m 像素 $\times n$ 像素，水平方向投影用公式表示为

$$H(y)=\sum_{y=1}^{m} I(x,y),\quad 1\leqslant x\leqslant n \tag{5.9}$$

步骤 3：对投影值在宽度 $2b+1$ 区域内进行求和，并筛选最大值区域，用公式表示为

$$H_{\max}=\max\left(\sum_{y=s-b}^{s+b} H(y)\right),\quad b+1\leqslant s\leqslant m-b \tag{5.10}$$

裁剪最大值区域保存为图像 $K(x,y)$，大小为 $(2b+1)$ 像素 $\times n$ 像素。

步骤 4：对裁剪后获得的图像 $K(x,y)$ 进行垂直投影，用公式表示为

$$V(x)=\sum_{x=1}^{n} K(x,y),\quad 1\leqslant y\leqslant 2b+1 \tag{5.11}$$

步骤 5：对垂直投影值在宽度 $2b+1$ 区域内进行求和，并筛选最大值区域，用公式表示为

$$V_{\max}=\max\left(\sum_{x=s-b}^{s+b} V(x)\right),\quad b+1\leqslant s\leqslant n-b \tag{5.12}$$

裁剪最大值区域保存为图像 $R(x,y)$，大小为 $(2b+1)$ 像素 $\times(2b+1)$ 像素。

步骤 6：计算天空区域值。首先将属于天空区域的像素值提取出来，然后对该区域内的像素值进行降序排列，最后选取天空区域中亮度最大的 10%

像素的平均值作为大气光值 A，公式表示为

$$A = \mathrm{mean}(\max^{0.1} R(x)) \tag{5.13}$$

利用上述方法求得的大气光值可以在一定程度上抵消天空区域白色云朵的影响，又能排除图像中可能存在的椒盐噪声引发的估值偏差，以上过程可用图 5.6 表示。

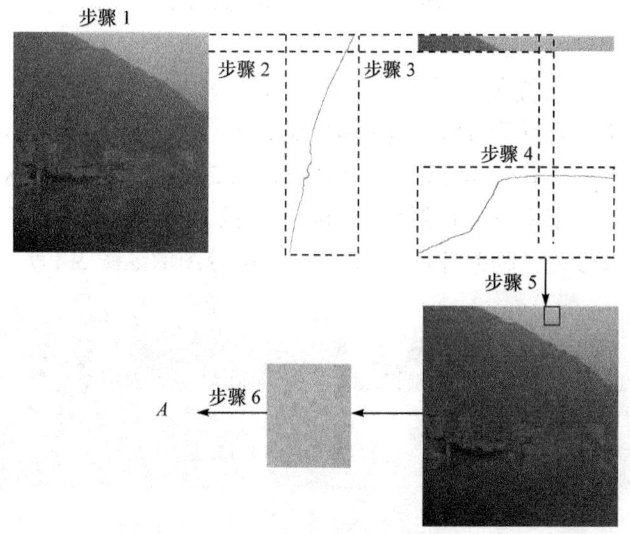

图 5.6　大气光值计算框图

由于在投影后需要计算一定区域内所有数据的和，相邻区域之间会存在重复计算，因此为了提高计算速度，采用盒子滤波器的加速方法。如图 5.7 所示，假设数据列为 $i(x)$ 且 $1 \leqslant x \leqslant n$，区域宽度为 $(2b+1)$，则区域内的和为

$$\mathrm{Sum}(t) = \sum_{x=t-b}^{t+b} i(x), \quad b+1 \leqslant t \leqslant n-b \tag{5.14}$$

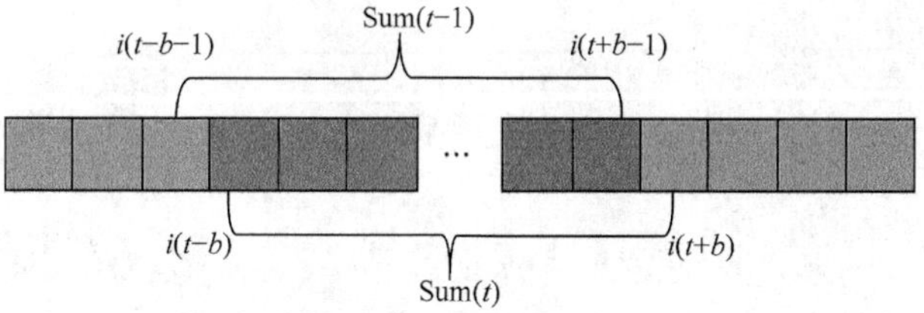

图 5.7　盒子滤波器

由于相邻区域 $\mathrm{Sum}(t-1)$ 和 $\mathrm{Sum}(t)$ 存在 $\{i(t-b+1), i(t-b+2), \cdots, i(t+b-1)\}$ 共 $2b$ 个重复点，故可以直接利用前面区域进行计算，用公式表示为

$$\mathrm{Sum}(t) = \mathrm{Sum}(t-1) - i(t-b) + i(t+b), \quad b+1 \leqslant t \leqslant n-b \tag{5.15}$$

通过加速，可以将 $(2b+1)$ 次求和运算减小到 3 次运算，大大提高了运算速度。

5.4　实验结果分析

为了衡量大气光值估计方法的有效性，本节搭建了实验平台并编制了程序。实验平台硬件为 Dell 笔记本电脑，处理器为 Intel(R) i7-5500U CPU @2.4GHz，8GB RAM，测试软件为 MATLAB 2014b，Windows 8 操作系统，测试图像涉及城市街景、自然风景和航拍图像。实验数据库大小为 1188 幅图像，图像编号为：0001. jpg～1188. jpg，部分图像如图 5.8 所示。

图 5.8　实验测试图像集

结合本章大气光值估计方法进行实验的结果如图 5.9 所示，其中得到的天空区域用矩形框标注。从图中可以看出，无论是含有景深跳变大的图像还是景深变化平缓的图像，本章获得的天空区域与肉眼观察保持一致，这得益于方法对大气光值估计的可行性和有效性。

图 5.9　本章方法的大气光值获取和去雾实验结果

为了从客观方面体现本章所提方法的先进性，下面对参数的优化策略进行了分析，并与其他文献的方法在计算精度和运算复杂度两个方面进行了对比实验。

5.4.1　精确度比较

精确度是衡量本章方法获得的大气光值与真实大气光值之间的差异的重要指标。通过人工方法选择图像中的大气光值作为标准值，并将计算值跟人工值的差的绝对值的平均值作为评价标准，具体公式如下：

$$\mathrm{Diff} = \frac{1}{N}\sum_{i=1}^{N}\left|A_{\mathrm{man}} - A_{\mathrm{com}}\right| \tag{5.16}$$

式中，N 为实验图像个数；A_{man} 为人工获取的大气光值；A_{com} 为计算机方法获得的大气光值。Diff 越小，表示实验结果越接近理想值。

1. 窗口变化和取值方式对精确度的影响

根据公式，在灰度区域积分过程中，区域宽度的选择至关重要，直接影响计算的精度。为此，实验中通过调整区域宽度获得不同的数据，参数 b 的大小为图像尺寸的 1/10～1/80。假设图像整体垂直投影宽度为 w，则 b 变化取值为 $\left\{\frac{1}{10}w, \frac{1}{15}w, \frac{1}{20}w, \cdots, \frac{1}{75}w, \frac{1}{80}w\right\}$。对于候选天空区域内大气光值的选取，可以采取最大值法、平均值法和中值法等。

其中，区域内像素最大值为

$$A_{\max} = \max(R(x, y)) \tag{5.17}$$

区域内像素平均值为

$$A_{\mathrm{mean}} = \mathrm{mean}(R(x, y)) \tag{5.18}$$

区域内像素中值为

$$A_{\mathrm{med}} = \mathrm{median}(R(x, y)) \tag{5.19}$$

应用不同方法对 1188 副不同大小图像进行运算，其计算精度变化如图 5.10 所示。由图可以看出，采用最大值法得到的数据偏差随块数的增大而减小，但总体而言与真实值差距较大。而均值法和中值法，数据偏差整体随着块数的增加而增大，在数值 25 左右开始重合，偏差最低点均出现在横坐标 15 处。

对于天空区域内大气光值，还可以采用选取区域内一定比例的像素值求取平均的方法。采用两种方法进行实验，第一种是将像素值按照降序排列，另一种是按照升序排列，取值数量都为前 10%～100%，以 10%步长递增。由此可见，前者取值为区域内灰度值较大的点，后者取值为灰度较小的点。尺寸变化参数为 10～80，步长为 5。其数据分别如表 5.1 和表 5.2 所示。

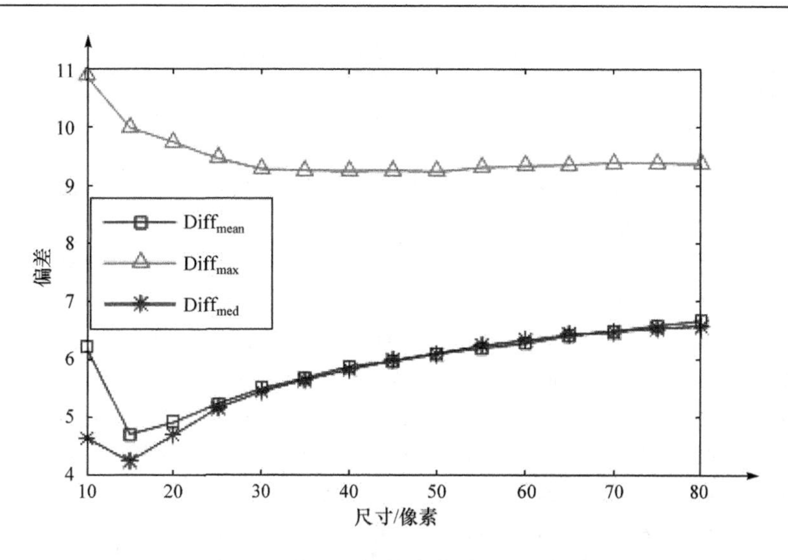

图 5.10　窗口和取值变化对测试的影响

表 5.1　按照降序排列计算数值与真实值的偏差

比例 尺寸	10%	20%	30%	40%	50%	60%	70%	80%	90%	100%
10	6.48	5.71	5.2	4.79	4.46	4.28	4.31	4.57	5.08	6.2
15	6.96	6.35	5.91	5.57	5.27	5.02	4.77	4.62	4.51	4.7
20	7.29	6.72	6.37	6.03	5.75	5.51	5.28	5.11	4.96	4.9
25	7.48	6.98	6.64	6.37	6.08	5.87	5.68	5.52	5.35	5.22
30	7.63	7.14	6.84	6.58	6.37	6.13	5.97	5.8	5.66	5.49
35	7.84	7.33	7.05	6.8	6.59	6.38	6.16	6	5.84	5.66
40	7.93	7.44	7.14	6.93	6.71	6.52	6.35	6.17	6.02	5.86
45	8.07	7.6	7.26	7.05	6.84	6.65	6.5	6.34	6.16	5.95
50	8.18	7.75	7.4	7.17	6.97	6.78	6.62	6.47	6.3	6.08
55	8.34	7.9	7.57	7.32	7.13	6.93	6.77	6.59	6.42	6.18
60	8.44	7.99	7.67	7.4	7.21	7.03	6.87	6.69	6.49	6.27
65	8.52	8.08	7.76	7.52	7.31	7.13	6.98	6.84	6.66	6.41
70	8.62	8.16	7.85	7.61	7.39	7.22	7.05	6.91	6.72	6.47
75	8.66	8.22	7.93	7.68	7.46	7.29	7.13	6.99	6.82	6.57
80	8.68	8.26	8.01	7.75	7.52	7.35	7.2	7.06	6.9	6.66

表 5.2　按照升序排列计算数值与真实值的偏差

尺寸＼比例	10%	20%	30%	40%	50%	60%	70%	80%	90%	100%
10	21.86	17.54	14.8	12.7	11.05	9.7	8.54	7.61	6.86	6.2
15	11.17	8.82	7.48	6.59	5.95	5.45	5.13	4.89	4.74	4.7
20	8.77	6.97	6.07	5.56	5.24	5.01	4.87	4.8	4.81	4.9
25	7.38	6.17	5.65	5.34	5.2	5.11	5.07	5.05	5.08	5.22
30	6.8	5.89	5.54	5.37	5.28	5.22	5.21	5.21	5.31	5.49
35	6.78	5.98	5.69	5.53	5.46	5.4	5.4	5.44	5.53	5.66
40	7.09	6.32	5.99	5.84	5.73	5.64	5.63	5.68	5.74	5.86
45	7.07	6.31	6.03	5.87	5.75	5.69	5.7	5.73	5.81	5.95
50	7.47	6.58	6.24	6.04	5.89	5.82	5.8	5.84	5.93	6.08
55	7.44	6.59	6.25	6.02	5.9	5.86	5.85	5.91	5.99	6.18
60	7.45	6.59	6.3	6.1	6.03	5.98	6	6.02	6.11	6.27
65	7.55	6.69	6.37	6.23	6.16	6.12	6.14	6.17	6.26	6.41
70	7.64	6.77	6.45	6.3	6.19	6.17	6.19	6.24	6.31	6.47
75	7.78	6.85	6.52	6.36	6.27	6.24	6.27	6.32	6.4	6.57
80	7.85	6.86	6.56	6.43	6.36	6.36	6.37	6.41	6.48	6.66

将不同宽度区域的差值进行平均后得到的曲线如图 5.11 所示。由图 5.11 可以看出，两组数据随着取值比例的增加，误差逐渐减小，除了选取 10%计算的外，同种比例下，整体而言升序排列选取法得到的偏差要比降序排列选取法误差要小。

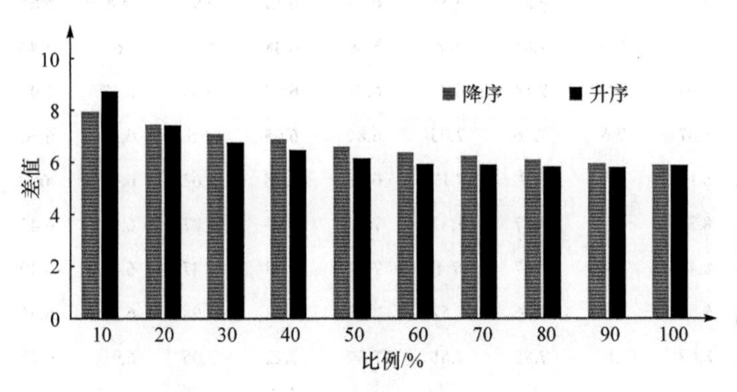

图 5.11　不同取值范围运算结果对比

2. 本章方法与其他方法比较

基于上述分析，选择窗口参数 b 为 1/15，选择区域内像素中值作为最终大气光值。利用本章提出的方法与 Tan 方法[125]、He 方法[142]、Meng 方法[184]、Kim 方法[158]、Zhang 方法[232]、Wang 方法[164]进行比较。用 1188 幅图像进行试验后的平均偏差结果如表 5.3 所示。由表可见，Tan 方法和 Wang 方法偏差较大，He 方法、Kim 方法、Zhang 方法比较接近。本章方法得到的值与真实值的平均偏差最小，说明本章方法精度最高。

表 5.3　不同方法精度比较

方法	Tan 方法	He 方法	Meng 方法	Kim 方法	Zhang 方法	Wang 方法	本章方法
偏差	27.82	8.81	12.09	8.40	8.43	23.96	4.23

5.4.2　运算复杂度

为了验证本章方法在处理速度上的优势，本节还对方法的运行复杂度进行了测试。

1. 所有图像运算结果整体对比

采用不同方法对 1188 幅不同大小图像进行运算，并将本章方法与 Tan 方法[125]、He 方法[142]、Meng 方法[184]、Kim 方法[158]、Zhang 方法[232]、Wang 方法[164]进行比较。为了体现运算的公平性，所有程序均在 MATLAB 2014 环境下运行，循环读入所有图像累加计算运行时间。各种方法的运行时间如表 5.4 所示。由表 5.4 看出，He 方法、Meng 方法、Zhang 方法运算效率最低，具有很高的计算复杂度，这主要是因为上述方法存在二维最小值滤波运算，特别是 Meng 方法，需要进行三次最小滤波运算。Tan 方法、Wang 方法和本章方法运行速度快，总运行时间在 20s 左右，大约是 Meng 方法运行时间的 1/75。由此可见，本章方法在绝对运行时间上占有优势。

表 5.4　运行时间比较

方法	Tan 方法	He 方法	Meng 方法	Kim 方法	Zhang 方法	Wang 方法	本章方法
时间/s	18.26	496.77	1504.03	32.98	643.65	21.06	19.43

2. 图像尺寸变化对计算的影响对比

图像增大后，不同方法的运行时间发生变化，运用不同大小的图像进行实验，每幅图像运行 10 次，取平均值，计算结果如表 5.5 所示。由图中数据可以看出，Tan 方法和本章方法运算速度最快。本章方法在处理 2048 像素×1536 像素图像时，仅仅需要 27ms，大约是 Meng 方法消耗时间的 1/276。本章方法在处理 600 像素×400 像素图像时，其消耗时间约为 Meng 方法消耗时间的 1/73。由此说明，本章方法的运算效率较高，能够运行于大尺寸图像的处理。

表 5.5　运算复杂度比较　　(单位：ms)

分辨率/像素 \ 方法	Tan 方法	He 方法	Meng 方法	Kim 方法	Zhang 方法	Wang 方法	本章方法
600×400	10.2	296.17	857.01	24.81	371.72	29.77	11.73
800×600	11.46	523.77	1487.44	32.63	600.16	30.91	12.4
1024×768	11.82	798.98	2296.12	40.21	920.84	31.89	13.57
1600×1200	15.56	1704.08	4994.61	76.91	1981.11	36.01	20.97
2048×1536	20.08	2700.65	7529.35	106.78	3096.27	40.33	27.24

为了比较各种方法运算时间随着图像增加变化的快慢，采用相对时间变化方法来进行比较。假设处理最小尺寸图像运算时间为 t_1，则相对运算时间为

$$T_r = \frac{t_n}{t_1} \tag{5.20}$$

式中，n 为图像级别，随着图像尺寸的增大而增加。

图 5.12 为 Tan 方法[125]、He 方法[142]、Meng 方法[184]、Kim 方法[158]、Zhang 方法[232]、Wang 方法[164]和本章方法的相对运算效率比较，由图可以看出，随着图像尺寸的增加，各种方法相对运算时间逐渐增加。其中，He 方法、Meng 方法、Zhang 方法斜率较大，说明随着图像增加，计算复杂度呈非线性增加，特别是 Meng 方法和 He 方法变化趋势基本相同，这主要因为二者都存在二维最小值滤波运算。本章方法与 Tan 方法、Wang 方法的运算复杂度变化最慢，特别是 Wang 方法仅仅采用了数据的线性运算，因此整体趋势基本为一条直线。综上所述，本章方法具有很高的执行效率。

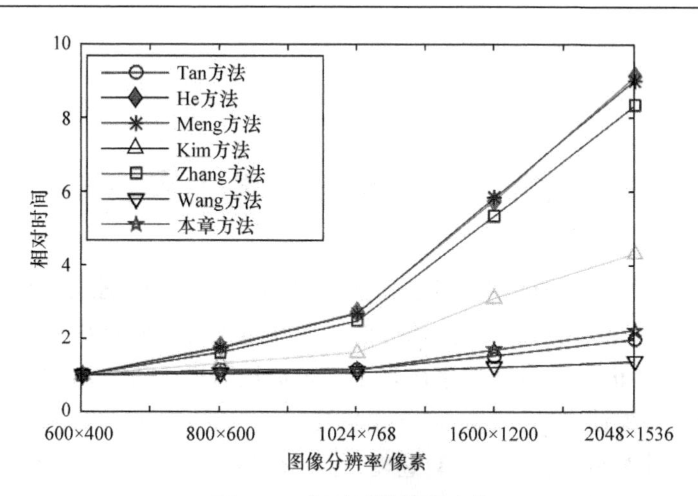

图 5.12　相对运算效率比较

结合上述实验结果可以看出，本章方法得到的大气光值估计值精度最高。虽然在计算复杂度方面，本章方法稍逊于 Tan 方法和 He 方法，但是考虑到这两种方法在计算精度上的巨大偏差，本章方法具有整体优势。总体而言，本章方法能够兼顾运算速度和运算精度，简单可行，具有较强的鲁棒性。

5.5　结　　论

在基于物理模型的图像去雾方法中，大气光值的估算直接影响到图像复原的质量。本章在对已有大气光值的估算方法进行分析讨论的基础上，针对速度慢和误差大的问题，给出一种新的解决办法，即利用灰度积分投影得到天空区域，将天空区域的像素值进行统计，最终得到大气光值，并通过实验分析证明了该方法的有效性和准确性。

第6章　一种快速图像去雾方法

在以上方法中，He 等[142]提出的单幅图像去雾方法因原理简单、效果出色而被更多人继续研究，但是该方法采用软抠图方法对透射率进行细化，导致运算速度很慢。虽然后来出现了多种加快透射率细化方法，如引导滤波[154]、双边滤波[148,149]、各向异性滤波[165]、保边滤波[168]、中值滤波[173]等，并在一定程度上提高了运算速度，但是仍然无法运行到实时系统中[234]。此外，由于天空区域和白色物体不满足原色假设，复原图像中存在方块效应或者色彩严重失真现象，影响了图像的视觉效果。

He 等提出的方法建立在暗原色假设之上，对于天空、水面等白色的区域并不适用。因为这些区域暗通道值 $J^{\mathrm{dark}}(x)$ 通常比较大，不约等于 0，即

$$t(x)=[1-I^{\mathrm{dark}}(x)/A]<[1-I^{\mathrm{dark}}(x)/A]/[1-J^{\mathrm{dark}}(x)/A] \tag{6.1}$$

因此，利用以上方法对明亮区域估计所得到的透射率偏小，导致天空区域像素通道间色彩值的微小差异在除以一个较小的透射率 t 值之后会被严重放大，最终使得复原的图像色彩失真。

针对目前去雾方法处理效果不佳且处理时间过长等不足，本章提出一种基于暗通道先验的改进方法。该方法通过一次简单快速的平均滤波获得透射率分布，提高了运行速度，通过分段计算，消除了方块效应与色彩失真。此外，针对复原后图像普遍偏暗的现象，对其进行色彩重映射，增加图像的视觉效果。该方法达到了一定的去雾效果，并减少了处理时间，具有应用价值。

在本章中，6.1 节结合大气散射模型介绍了快速去雾方法；6.2 节介绍了方法步骤；6.3 节给出了实验结果；6.4 节为结论。

6.1　快速去雾方法

针对以上问题，本节介绍了基于暗通道原理设计快速去雾方法，该方

法在保证去雾效果的基础上，减小复杂度，使其能够应用于实时系统。结合大气散射模型，提出的去雾方法具体分为三个步骤：①透射率估计，在对原始图像最小值滤波的基础上进行快速平均滤波，并利用分段处理对白色区域进行补偿；②大气光值估计，基于灰度投影方法，分割包含天空区域并计算大气光值；③图像的恢复，获得大气光值 A，基于大气散射模型对图像进行复原及亮度调整。去雾方法流程如图 6.1 所示。

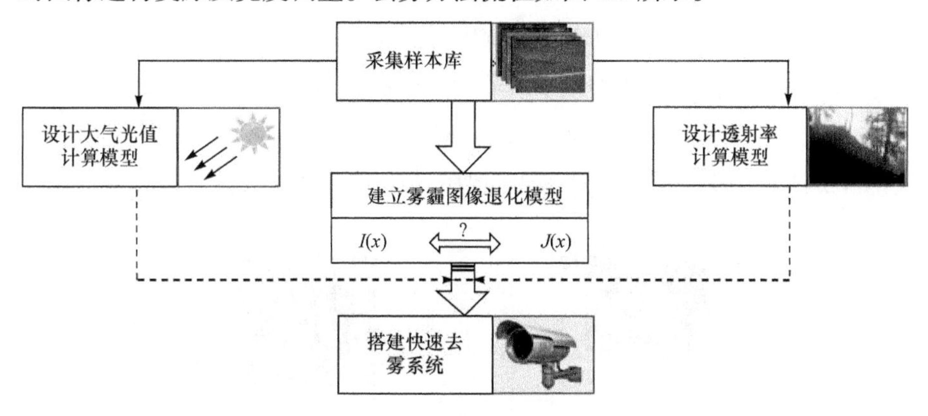

图 6.1　去雾方法流程

6.1.1　透射率估计

1. 单像素最小值滤波

为了避免局部区域内 $\min\limits_{c\in\{R,G,B\}}(\ )$ 变换造成的方块效应，需要对图像中任意像素三通道进行最小值滤波，用公式表示为

$$M(x)=\min_{c\in\{R,G,B\}}(I^c(x)) \tag{6.2}$$

式中，x 为图像中的像素点。

但是这样计算会导致运算中透射率不平滑。该结果包含了丰富的边缘细节信息，其亮度值并不能准确表示雾气浓度，因此需要进一步消除 $M(x)$ 中不必要的纹理细节信息以及白色目标的影响。

2. 快速平均滤波

为了使得 $M(x)$ 整体变化平滑，避免相邻像素之间的灰度跳变，需要进行平均滤波处理，用公式表示为

$$M_{\text{ave}}(x) = \text{average}_{\lambda}(M(x)) \tag{6.3}$$

式中，λ 为平均滤波器窗口的尺寸，其取值为图像宽度的 1/20。

在计算过程中，为了提高运算速度[235]，采用积分图。对于输入图像 i，像素点 (x, y) 处的积分图 $ii(x, y)$ 定义如下：

$$ii(x, y) = \sum_{x' \leqslant x} \sum_{y' \leqslant y} i(x', y') \tag{6.4}$$

式中，$i(x', y')$ 为图像在点 (x', y') 处的像素值。

通过以下运算即可快速获得任意矩形内像素点的和：

$$ii(x, y) = ii(x-1, y) + ii(x, y-1) - ii(x-1, y-1) + i(x, y) \tag{6.5}$$

如图 6.2 所示，积分图 $ii(x, y)$ 等于图像中灰色部分的所有像素值和。

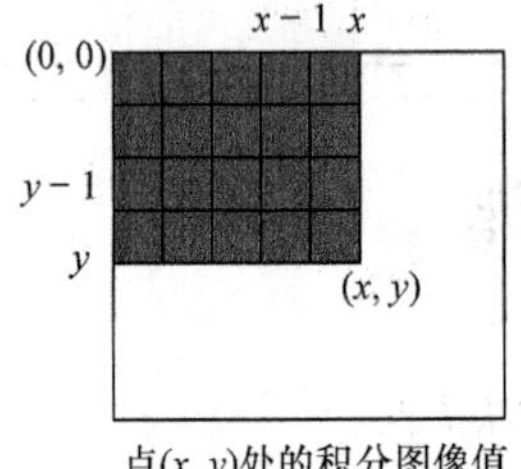

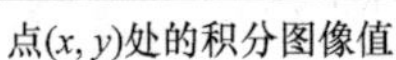
点(x, y)处的积分图像值

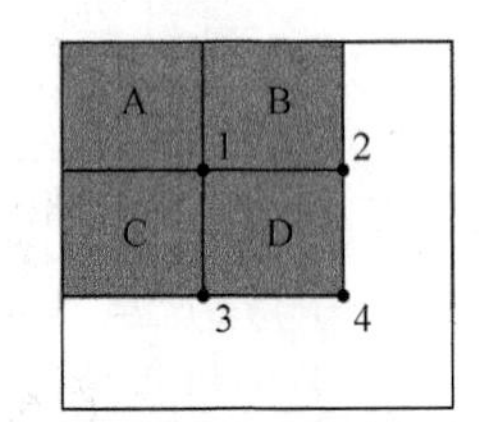

计算矩形D图像灰度积分

图 6.2　利用积分图计算矩形 D 图像灰度积分

因此，任意矩形区域 D 内的所有像素灰度积分为

$$\text{Sum}(D) = ii_4 + ii_1 - (ii_2 + ii_3) \tag{6.6}$$

采用盒子滤波器(boxfilter)可以将计算速度在积分图的基础上提高四倍。与积分图不同的是，所构建的矩阵中存放的数据直接就是该位置邻域内的像素和，直接访问矩阵中对应的元素即可，其计算复杂度为 $O(1)$。

3. 灰度优化

均值滤波后的结果能够大致反映图像中暗原色的变化趋势，但是与真实的值还有一定差距，因此需要进行补偿：

$$D(x) = \min(A \times M_{\text{avg}}(x), M(x)) \tag{6.7}$$

4. 透射率

如果大气光值 A 已知，则透射率便可以根据公式(6.1)进行计算。在实际应用中，为了保留一部分残雾，使得图像具有深度感，引入修正系数 $\omega(0<\omega\leqslant 1)$，则式(6.1)可以重新表述为

$$\tilde{t}(x)=1-\omega\frac{D(x)}{A} \tag{6.8}$$

图 6.3 显示了透射率计算过程。

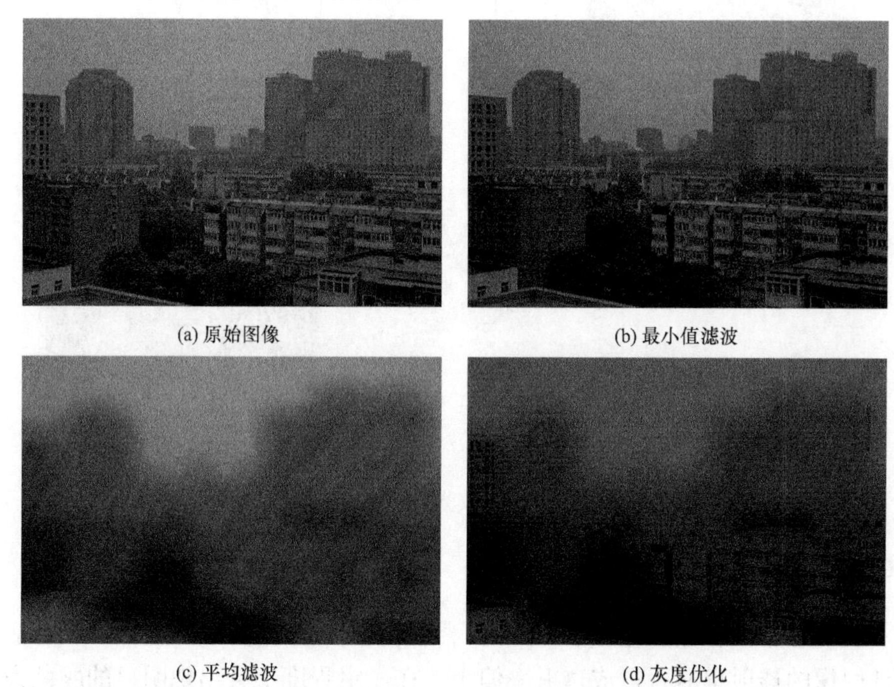

(a) 原始图像　(b) 最小值滤波

(c) 平均滤波　(d) 灰度优化

图 6.3　透射率计算

6.1.2　大气光值估计

求解雾图成像方程的另一个关键因素是大气光值 A 的估计。通过观察可知，对于包含天空的户外图像，天空一般具有面积大、颜色值较亮且平滑等特点，因此，为了找出具有高亮度值且平滑的像素，本节采用灰度投影的方法对其进行定位，方法具体步骤如 5.3 节所示。以上过程可用图 6.4 表示。

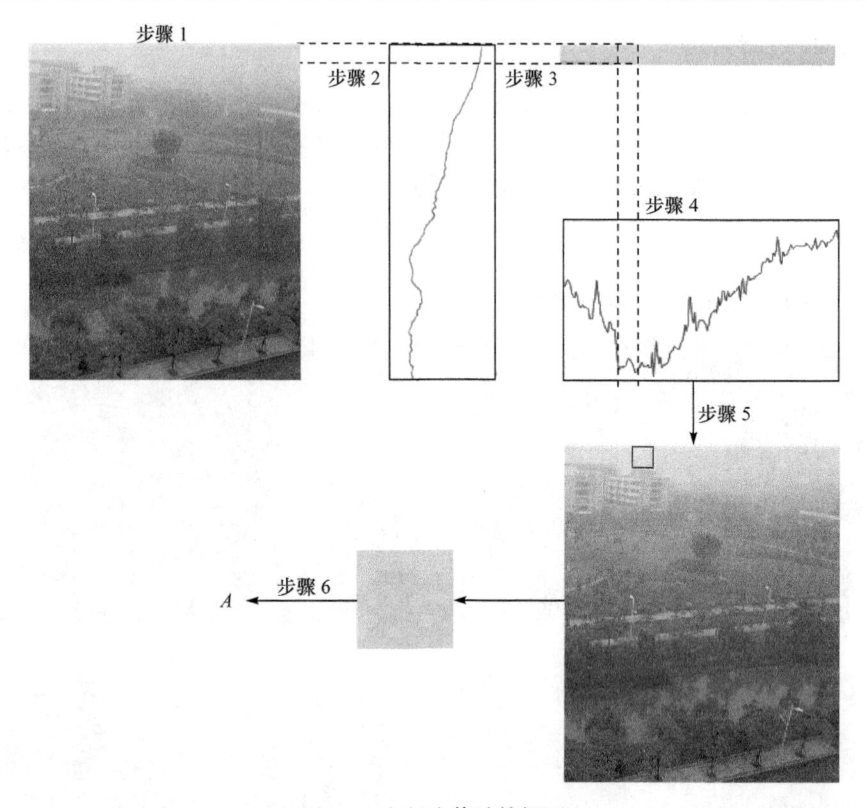

图 6.4　大气光值计算框图

6.1.3　透射率计算

在高亮区域暗原色假设不成立，会造成透射率图偏小并接近于 0，在估计图像的透射率时，造成透射率偏小，在一定程度上会出现明显的颜色失真[30]。基于此，借鉴分段处理机制对图像的天空和其他区域进行分割处理，以此来区分雾天图像中的明亮区域和非明亮区域。

首先计算每个像素点 RGB 三通道与大气光值 A 距离的最大值，标记为 $\varDelta_{\max}(x)$，如下所示：

$$\varDelta_{\max}(x)=\max_{c\in\{R,G,B\}}\{|I^c(x)-A|\} \tag{6.9}$$

若像素点三个通道的最大值接近于阈值 T，即 $\varDelta_{\max}(x)<T$，则认为属于明亮区域；反之，则认为是非明亮区域。对于明亮区域中的各点的透射率 $t(x)$ 进行如下修正：

$$t_2(x)=\begin{cases} t(x), & \Delta_{\max}(x)\geqslant T \\ \min\left(\dfrac{T}{\Delta_{\max}(x)}t(x),1\right), & \Delta_{\max}(x)<T \end{cases} \tag{6.10}$$

式中，$t(x)$ 为经过平均滤波处理后的透射率。通过大量实验发现，当 T 取 0.2 时，天空区域的判断比较准确，且效果较好。但是阈值 T 是根据经验值确定的一个固定的值，不能适用于不同的图像。由于图像中高亮区域小的图像与其整体亮度平均值差距较大，而图像中高亮区域大的图像与图像自身平均亮度差距较小，根据图像中大气光值与平均灰度的统计来定义一个自适应的阈值，以获取更准确的明亮区透射率分布，用公式表示为

$$T=\begin{cases} 0.15, & A-I_{\mathrm{m}}\leqslant 0.25 \\ A-I_{\mathrm{m}}-0.1, & 0.25<A-I_{\mathrm{m}}<0.35 \\ 0.25, & A-I_{\mathrm{m}}\geqslant 0.35 \end{cases} \tag{6.11}$$

$$I_{\mathrm{m}}=\mathrm{mean}(I(x)) \tag{6.12}$$

式中，I_{m} 为整幅图像的平均灰度值；mean 为求平均运算；A 为大气光值。

该修正方法能够更好地处理含有大面积灰白明亮区域的含雾图像，同时又没有脱离暗通道先验的假设，而且对原方法的改动很小。

图 6.5 为修正前后的透射率图及相应恢复的去雾图像。可以看出，采用透射率修正的方法对天空等明亮区域进行处理效果要好很多，颜色没有失真。

(a) 透射率优化前

(b) 透射率优化后

(c) 基于图(a)恢复的图像

(d) 基于图(b)恢复的图像

(e) 图(c)中矩形框放大

(f) 图(d)中矩形框放大

图 6.5　透射率优化前后对比

6.1.4　图像复原与色调调整

在求得透射率 $t(x)$ 和大气光值 A 的基础上，根据式(6.4)就可以直接恢复出场景在理想条件下的无雾图像。但当 $t(x)$ 趋近于 0 时，直接衰减项趋近于 0，导致去雾图像像素值被过度放大，此时复原的图像可能包含噪声，所以，对透射率 $t(x)$ 设定一个下限 t_0，可使图像去雾效果更加自然，于是，可以得到最终去雾后图像 $J(x)$ 的表达式为

$$J(x)=\frac{I(x)-A}{\max(t(x),t_0)}+A \tag{6.13}$$

式中，t_0 为设定的约束条件，实验中 t_0 取 0.1。

此外，由于雾天受环境和光照的不同影响，部分图像本身亮度偏低，基于暗原色先验方法复原后的图像整体亮度和色调更暗，所以有必要对图像进行调整。根据韦伯-费希纳(Weber-Fechner)定律，人眼的主观亮度是根据物体反射的光线照射到人眼的视网膜上使视神经受到刺激而获取的。主观亮度感觉 J_d 和客观亮度 J 呈对数线性关系[236]，即

$$J_d=\beta\lg J+\beta_0 \tag{6.14}$$

式中，β 和 β_0 为常数。为了避免对数运算导致运算量增加，在实际中利用简单函数对图 6.6(a)进行拟合，得到函数表达式为

$$J_d=\frac{J(255+k)}{J+k} \tag{6.15}$$

式中，k 为调整系数，取值越小表示调整程度越大，调整曲线如图 6.6(b)所示。在实验中，k 根据灰度图像的平均值来自动获取，即自适应地取 $k=2\times I_{\text{m}}$，mean 为求平均。色调调整前后的图像对比度如图 6.6(c)和(d)所示，图中第二行图像为第一行图像中矩形框的放大图。图 6.6(c)虽然将雾气移除，但是整体亮度偏暗，色调不佳，经过调整后的结果图 6.6(d)相比于图 6.6(c)的整体亮度和对比度得到了提高，视觉效果更加逼近与晴天条件下的真实场景。

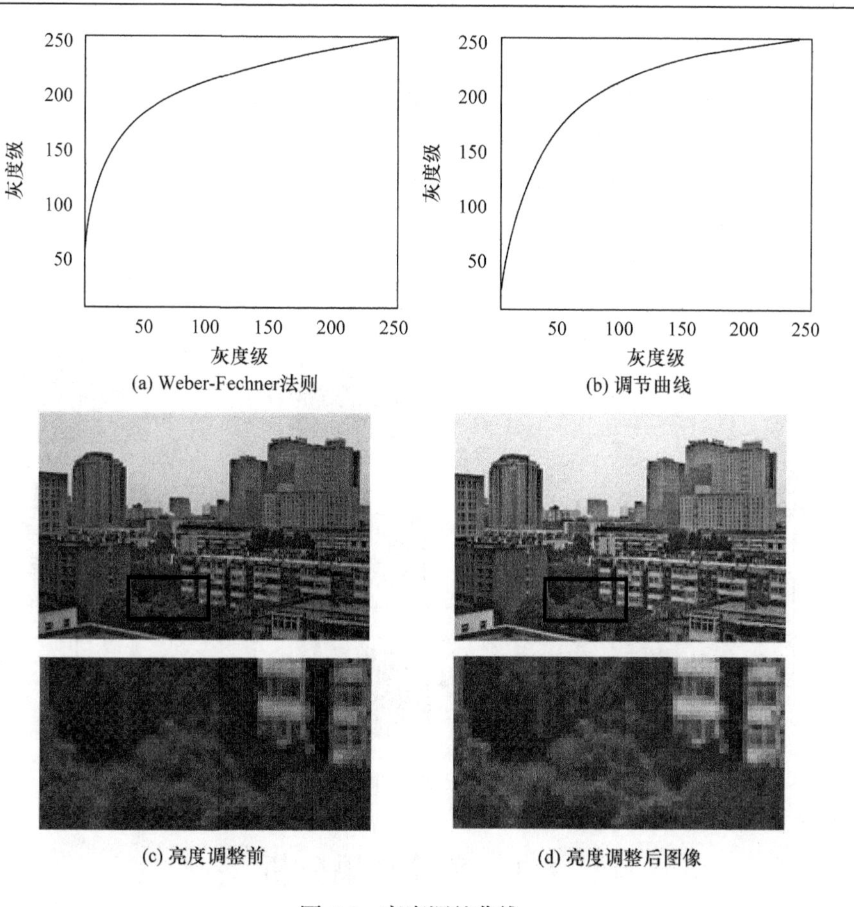

(a) Weber-Fechner法则　(b) 调节曲线

(c) 亮度调整前　(d) 亮度调整后图像

图 6.6　亮度调整曲线

6.2　方 法 描 述

结合暗原色先验的原理与针对性的改进策略，其具体执行步骤如下：

(1) 输入有雾图像 $I(x)$；

(2) 基于公式(6.2)对图像中任一点的三色值进行最小值滤波，得到初始暗原色图像 $M(x)$；

(3) 基于公式(6.3)对 $M(x)$ 进行平均滤波，得到平滑图像 $M_{\text{ave}}(x)$；

(4) 基于公式(6.7)对 $M_{\text{ave}}(x)$ 进行灰度补偿，得到修正后的暗原色先验图像 $D(x)$；

(5) 利用投影法自动获取大气光信息，输出大气光值 A；

(6) 计算初始透射率 $\tilde{t}(x)$；

(7) 利用分段机制，并对透射率进行自适应修正，获得 $t(x)$；

(8) 基于物理模型公式(6.13)复原图像，获得复原图像 $J(x)$；

(9) 基于公式(6.15)对复原图像进行亮度补偿，求得图像 $J_d(x)$；

(10) 输出图像 $J_d(x)$。

以上过程框图如图 6.7 所示。

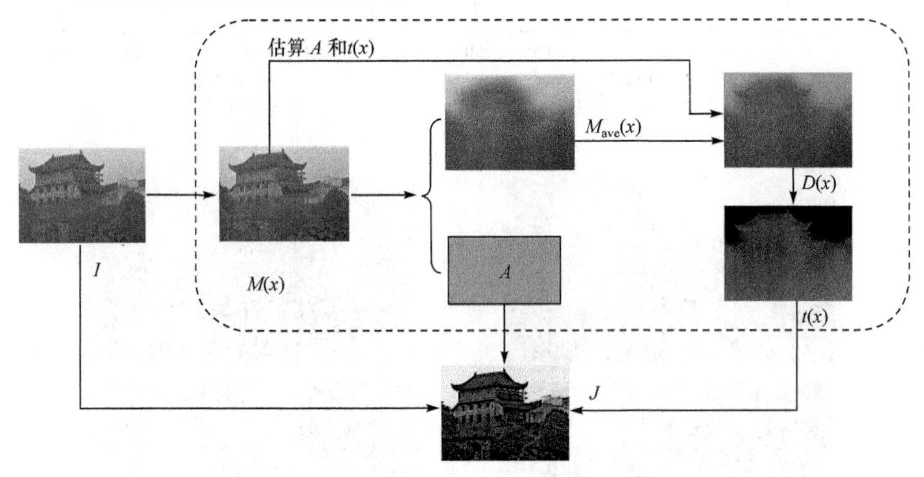

图 6.7　方法原理框图

6.3　实验结果分析

为了衡量去雾方法的有效性，本节搭建实验平台并编制程序。实验平台硬件为 Dell 笔记本电脑，处理器为 Intel(R) i7-5500U CPU@2.4GHz，8GB RAM，测试软件为 MATLAB 2014b，采用 Windows 8 操作系统。去雾领域文献中所使用的经典测试图像涉及城市街景、自然风景及航拍图像，包括远景和近景，其部分实验结果如图 6.8 所示，图像名称分别为 Street，Mountain、Cannon、Building、Toys、Road、City、Stadium，第一行为原始图像，第二行对应恢复后的图像，共进行七组实验。从图中可以看出，无论是景深跳变大的图像还是景深变化平缓的图像，采用本章方法都能在不同场合下得到颜色自然、细节清晰的复原结果，这得益于透射率估计函数的可行性和有效性，同时也说明了本章方法具有较强的场景适应能力。

(a) Cannon　(b) Building　(c) Toys

(d) City　(e) Road　(f) Street

(g) Mountain　(h) Stadium

图 6.8　本章方法的部分去雾实验结果

为了体现本章方法的先进性，实验中主要与经典图像增强方法、Fattal方法[130]、He 方法[142]、Kim 方法[158]、Zhu 方法[101]的多幅实验图像进行去雾效果比较，比较的内容涉及主观评价、客观评价和运算复杂度三个方面，其中定性以主观的视觉评价为主，定量采用客观评价指标。

6.3.1 主观评价

1. 与传统图像增强方法比较

图 6.9 为本章方法与传统图像增强方法的实验结果比较。图 6.9(a)～(h)分别为原始图像以及灰度拉伸、直方图均衡化、自适应直方图均衡化、Retinex 方法、同态滤波、小波变换、本章方法的实验结果。从图中可看出，图(b)～(h)都有不同程度的变化，其中，图(c)、(d)、(e)视觉对比度明显增强，细节变得突出鲜艳，但是与图(g)一样，色调严重发生了偏移；图(b)和图(f)虽然整体色调没有发生偏移，但是改善效果不明显，单纯的强度拉伸导致部分细节的丢失，而同态滤波的方法导致色彩明显偏暗。相反，本章提出的方法无论是从色彩还是细节还原方面都有了明显提升，视觉效果明显强于以上几种方法。

(a) 原始图像　(b) 灰度拉伸　(c) 直方图均衡化　(d) 自适应直方图均衡化

(e) Retinex方法　(f) 同态滤波　(g) 小波变换　(h) 本章方法

图 6.9　本章方法与传统图像增强方法比较

2. 与图像复原方法比较

选择 Pumpkins、Cones 和 Hill 图像作为实验图像，分别采用 Fattal 方法、He 方法、Kim 方法、Zhu 方法与本章方法进行定性比较，实验结果如

图 6.10 所示。其中第一行为 House 原始图像，第二行为 Flag 原始图像，第三行和第四行分别为 Hill 图像及其中方框位置的放大图像。图 6.10(a)为原始图像，图 6.10(b)～(f)分别为 Fattal 方法、He 方法、Kim 方法、Zhu 方法及本章方法的实验结果。从图中可以看出，相对于原始图像，采用各种方法去雾后的图像整体的能见度和对比度得到极大改善，获得了较好的去雾效果。对于 Pumpkins、Cones 图像，Zhu 方法去雾程度低，Kim 方法去雾程度

(a) 原始图像　(b) Fattal方法　(c) He方法

(d) Kim方法　　(e) Zhu方法　　(f) 本章方法

图 6.10　本章方法的部分去雾实验结果

良好，但是颜色失真。He 方法、Tarel 方法和本章方法相对于 Zhu 方法和 Kim 方法颜色信息恢复较好。对于 Hill 图像，其中 Kim 方法、He 方法和本章方法最为突出。对比去雾图像方框中内容局部细节来看，Kim 方法在第三行对应的近景方面取得了更突出的结果，但是在远景方面效果不如其他方法。He 方法和 Zhu 方法在远景和近景方面都能取得良好的折中，但是本章方法可以获得更好的清晰度、对比度和图像颜色。

6.3.2　客观定量评价

不同方法处理的侧重点不同，主观评价难免具有一定的片面性，因此采用客观评价标准进一步衡量不同方法的处理效果。目前在评价去雾效果的研究中，比较著名的是 Hautière 提出的基于可见边对比度的盲评方法[223]。该方法主要评估在去雾前后每个图像细节对比度增强的情况，具体用三个指标（新增可见边比e、可见边的规范化梯度均值$\bar{r}$和饱和黑色或白色像素点的百分比σ）来客观描述图像的质量，其表达式如下：

$$e=\frac{n_{\mathrm{r}}-n_0}{n_0} \tag{6.16}$$

$$\bar{r}=\exp\left(\frac{1}{n_{\mathrm{r}}}\sum_{P_i\in\psi_{\mathrm{r}}}\log r_i\right) \tag{6.17}$$

$$\sigma=\frac{n_s}{\dim_x\times\dim_y} \tag{6.18}$$

式中，n_0和n_{r}分别表示去雾前、后图像的可见边的数量；Ψ_{r}为去雾图像可见边的集合；P_i是可见边上的像素点；r_i是P_i处的 Sobel 梯度与原图像在此处的 Sobel 梯度的比值；n_s为饱和黑色和白色像素点的数目；$\dim_x$和$\dim_y$分别表示图像的宽和高。e和$\bar{r}$越大而σ越小时，恢复图像的质量越好。

由表 6.1 中数据可以看出，本章方法在$\bar{r}$和σ方面都超过了 Fattal 方法、He 方法、Kim 方法和 Zhu 方法[101]。虽然第二幅图像的e性能略逊于 He 方法，但整体效果远远超过了 He 方法，达到了最好。

表 6.1　图像质量客观评价

参数 \ 方法		Fattal 方法	He 方法	Kim 方法	Zhu 方法	本章方法
Pumpkins	e	0.1406	0.2808	0.1614	0.2215	0.2906
	σ	0.0007	0	0.0044	0	0
	$\bar{r}$	1.7432	0.6184	1.6947	1.2831	2.0309
Cones	e	0.2463	0.2941	0.1520	0.2441	0.1943
	σ	0	0	0.0039	0	0
	$\bar{r}$	1.9685	1.5774	1.8349	1.3111	2.0557
Hill	e	0.0863	0.1425	0.0724	0.1231	0.2232
	σ	0.0011	0.0001	0.0039	0	0
	$\bar{r}$	1.2152	1.3133	1.6529	1.1759	1.7427

6.3.3 运算复杂度

为了验证本章方法在处理速度上的优势，将运用不同大小的图像进行实验，实验图像为图 6.8 中的 8 幅图像。由表 6.2 看出，随着图像中像素个数的增大，运算时间增长。

表 6.2　运算复杂度比较

图像名称	分辨率/像素	时间/s
Street	600×400	19.9
Mountain	384×512	16.8
Cannon	600×450	23.0
Building	450×600	22.4
Toys	360×500	15.5
Road	400×600	20.0
City	431×800	28.7
Stadium	318×984	26.8

对于表 6.2 中的数据，用横坐标表示图像的像素个数，纵坐标表示运算时间，则其运算时间与图像尺寸的关系可以由图 6.11 形象地展现出来。

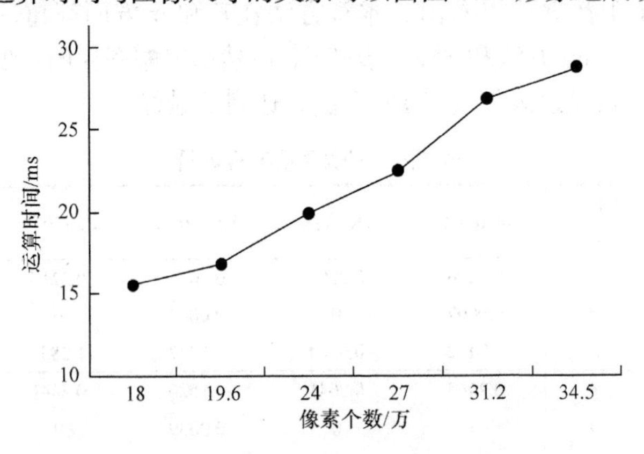

图 6.11　运算时间随像素个数变化图

由图 6.11 可以看出，本章新方法的时间复杂度随着图像尺寸的增大近似线性增加。此外，将新方法与 He 方法、Tarel 方法[134]、Meng 方法[184]、Zhu 方法[101]进行比较，各种方法在不同尺寸图像上的运行数据如表 6.3 所示。由表 6.3 可以看出，He1 方法处理单幅图像的运算效率最低，当图像达到 1600 像素×1200 像素时，会造成实验计算机的内存溢出；但改进后的 He2 方法和 Zhu 方法采用了线性模型和导向滤波，都能够处理大尺寸图像。本章方法采用了高速平均滤波，运行速度最快，在运行 2048 像素×1536 像素图像时，也仅仅需要 0.26s，在绝对运行时间上占有优势。

表 6.3　运算复杂度比较　(单位：s)

分辨率/像素	He1 方法	Tarel 方法	Meng 方法	He2 方法	Zhu 方法	本章方法
600×400	21.763	7.656	1.243	0.584	0.887	0.020
800×600	47.926	23.147	2.290	1.205	1.699	0.039
1024×768	83.776	56.873	3.796	3.766	2.675	0.065
1600×1200	—	303.153	9.380	7.765	6.546	0.158
2048×1536	—	721.632	15.885	14.561	10.732	0.261

图 6.12 为 Meng 方法、He2 方法、Zhu 方法和本章方法的相对时间变化曲线（其计算原理如 3.5.3 节所述）。由图可看出，随着图像尺寸的增大，各种方法相对运算时间逐渐增加，其中 He2 方法斜率最大，变化速率最快，Meng 方法和 Zhu 方法变化趋势基本相同，本章新方法运算复杂度变化最慢，这说明本章新方法对于大尺寸图像具有很高的执行效率。

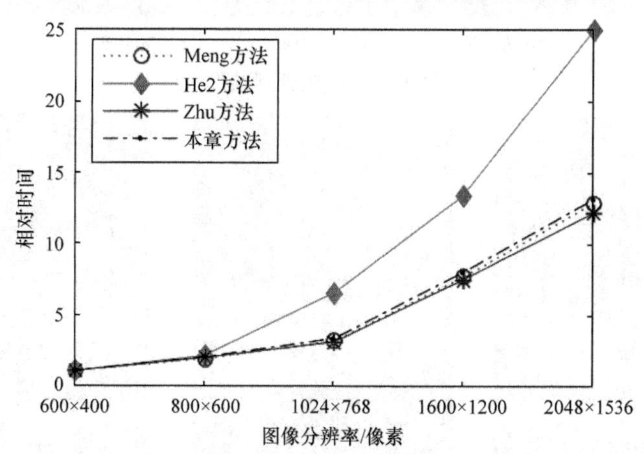

图 6.12　不同方法的相对时间变化曲线

而在处理 600 像素 × 400 像素图像时，在 MATLAB 运行环境下仅为 20ms，可以满足视频实时处理需求。图 6.13 给出了采用本章方法对一段雾天交通监控视频去雾的效果的部分截图。其中，第一行和第三行为原雾天视频序列的 5 帧、30 帧、55 帧、80 帧和 105 帧。第二行和第四行为对应本章方法所得结果。图 6.14 为图像中放大部分除雾前后的效果。通过观察发现，对雾天视频的有效处理（对大面积路面的处理也没有出现失真）说明本章方法具备一定的鲁棒性及实用性。

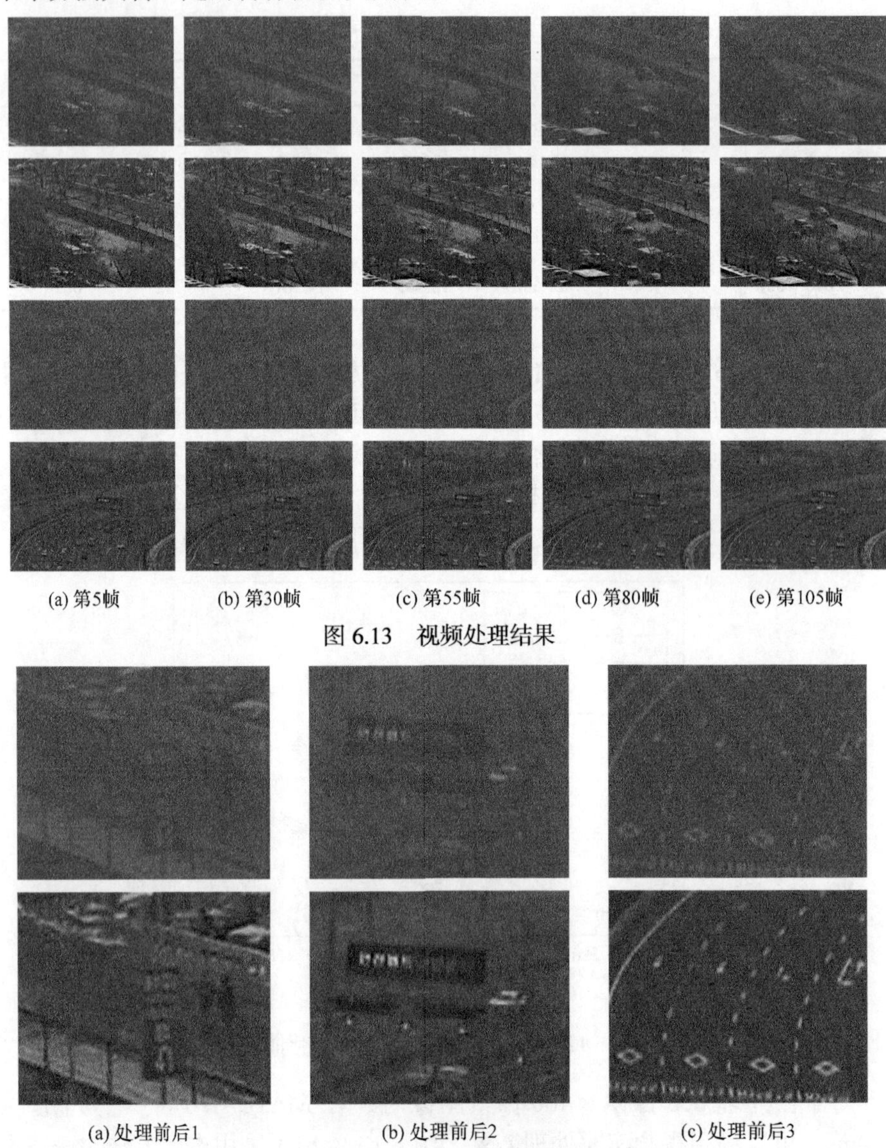

(a) 第5帧　(b) 第30帧　(c) 第55帧　(d) 第80帧　(e) 第105帧

图 6.13　视频处理结果

(a) 处理前后1　(b) 处理前后2　(c) 处理前后3

图 6.14　视频处理前后放大图

6.4 结　　论

针对目前去雾方法实时性较差的问题，本章首先基于大气散射模型和暗原色先验理论提出了一种单幅图像快速去雾方法，使用优化的平均滤波方法及盒子滤波器加速方案，有效完成了较高分辨率雾天图像、视频的实时处理。其次，设计了基于区域投影的大气光获取方法，并对暗原色先验规律不成立的大面积白色区域提出修正方案。最后，对复原图像存在亮度低的问题，利用基于人眼视觉感知机理，提出一种自适应的亮度调整方法。通过与目前最新方法的比较，可以看出本章方法去雾效果细节清晰、色彩真实自然，保证了图像恢复质量和速度的平衡，能够适用于实时运行的场合。本章方法存在的主要问题是，图像中边缘灰度突变部分存在阴影，如何实现边缘平滑过渡仍然需要进一步改进和完善。

参考文献

[1] Halmaoui H, Cord A, Hautiere N. Contrast restoration of road images taken in foggy weather. IEEE International Conference on Computer Vision Workshops, 2011: 2057-2063.

[2] Bronte S, Bergasa L, Alcantarilla P. Fog detection system based on computer vision techniques. IEEE International Conference on Intelligent Transportation Systems, 2009: 1-6.

[3] Shehata M, Cai J, Badawy W, et al. Video-based automatic incident detection for smart roads: The outdoor environmental challenges regarding false alarms. IEEE Transactions on Intelligent Transportation Systems, 2008, 9(2): 349-360.

[4] Huang S, Chen B, Cheng Y. An efficient visibility enhancement algorithm for road scenes captured by intelligent transportation systems. IEEE Transactions on Intelligent Transportation Systems, 2014, 15(5): 2321-2332.

[5] Huang S C. An advanced motion detection algorithm with video quality analysis for video surveillance systems. IEEE Transactions on Circuits and Systems for Video Technology, 2011, 21(1): 1-14.

[6] Xie B, Guo F, Cai Z. Universal strategy for surveillance video defogging. Optical Engineering, 2012, 51(10): 101-703.

[7] Jia Z, Wang H, Caballero R, et al. A two-step approach to see-through bad weather for surveillance video quality enhancement. Machine Vision and Applications, 2012, 23(6): 1059-1082.

[8] Yoon I, Kim S, Kim D, et al. Adaptive defogging with color correction in the HSV color space for consumer surveillance system. IEEE Transactions on Consumer Electronics, 2012, 58(1): 111-116.

[9] Gibson K, Vo D, Nguyen T. An investigation of dehazing effects on image and video coding. IEEE Transactions on Image Processing, 2012, 21(2): 111-116.

[10] Chacon M, Gonzalez S. An adaptive neural-fuzzy approach for object detection in dynamic backgrounds for surveillance systems. IEEE Transactions on Industrial Electronics, 2012, 59(8): 3286-3298.

[11] Tao S, Feng H, Xu Z, et al. Image degradation and recovery based on multiple scattering in remote sensing and bad weather condition. Optics Express, 2012, 20(15): 16584-16595.

[12] Long J, Shi Z, Tang W, et al. Single remote sensing image dehazing. IEEE Geoscience and Remote Sensing Letters, 2014, 11(1): 59-63.

[13] Makarau A, Richter R, Muller R, et al. Haze detection and removal in remotely sensed multispectral imagery. IEEE Transactions on Geoscience and Remote Sensing, 2014, 52(9): 5895-5905.

[14] Liu J, Wang X, Chen M, et al. Thin cloud removal from single satellite images. Optics express, 2014, 22(1): 618-632.

[15] Li H, Zhang L, Shen H. A principal component based haze masking method for visible

images. IEEE Geoscience and Remote Sensing Letters, 2014, 11(5): 975-979.

[16] Pan X, Xie F, Jiang Z, et al. Haze removal for a single remote sensing image based on deformed haze imaging model. IEEE Signal Processing Letters, 2015, 22(10): 1806-1810.

[17] Wang L, Xie W, Pei J. Patch-based dark channel prior dehazing for rs multi-spectral image. Chinese Journal of Electronics, 2015, 24(3): 573-578.

[18] McCall J, Trivedi M. Video-based lane estimation and tracking for driver assistance: Survey, system, and evaluation. IEEE Transactions on Intelligent Transportation Systems, 2006, 7(1): 20-37.

[19] Tarel J P, Hautière N, Caraffa L, et al. Vision enhancement in homogeneous and heterogeneous fog. IEEE Intelligent Transportation Systems Magazine, 2012, 4(2): 6-20.

[20] Negru M, Nedevschi S, Peter R. Exponential contrast restoration in fog conditions for driving assistance. IEEE Transactions on Intelligent Transportation Systems, 2015, 16(4): 2257-2268.

[21] Pavlic M, Rigoll G, Ilic S. Classification of images in fog and fog-free scenes for use in vehicles. IEEE Intelligent Vehicles Symposium, 2013: 481-486.

[22] Hautière N, Tarel J, Halmaoui H, et al. Enhanced fog detection and free-space segmentation for car navigation. Machine Vision and Applications, 2014, 25(3): 667-679.

[23] Hautière N, Tarel J, Aubert D. Mitigation of visibility loss for advanced camera-based driver assistance. IEEE Transactions on Intelligent Transportation Systems, 2010, 11(2): 474-484.

[24] Hautière N, Tarel J, Aubert D. Towards fog-free in-vehicle vision systems through contrast restoration. IEEE Conference on Computer Vision and Pattern Recognition, 2007: 1-8.

[25] Song D, Chen Y, Gao Y. Velocity calculation by automatic camera calibration based on homogenous fog weather condition. International Journal of Automation and Computing, 2013, 10(2): 1-8.

[26] Spinneker R, Koch C, Park S, et al. Fast fog detection for camera based advanced driver assistance systems. IEEE International Conference on Intelligent Transportation Systems, 2014: 1369-1374.

[27] Sato R, Domany K, Deguchi D, et al. Visibility estimation of traffic signals under rainy weather conditions for smart driving support. IEEE International Conference on Intelligent Transportation Systems, 2012: 1321-1326.

[28] Nicholas C, Mohan A, Eustice R. Initial results in underwater single image dehazing. IEEE OCEANS 2010, 2010: 1-8.

[29] Ancuti C, Ancuti C, Haber T, et al. Enhancing underwater images and videos by fusion. IEEE Conference on Computer Vision and Pattern Recognition, 2012: 81-88.

[30] Chiang J, Chen Y. Underwater image enhancement by wavelength compensation and dehazing. IEEE Transactions on Image Processing, 2012, 21(4): 1756-1769.

[31] Drews P, Nascimento E, Moraes F, et al. Transmission estimation in underwater single images. IEEE International Conference on Computer Vision Workshops, 2013: 825-830.

[32] Lu H, Li Y, Serikawa S. Underwater image enhancement using guided trigonometric bilateral filter and fast automatic color correction. IEEE International Conference on Image Processing, 2013: 3412-3416.

[33] Fu X, Zhuang P, Huang Y, et al. A retinex-based enhancing approach for single underwater image. IEEE International Conference on Image Processing, 2014: 4572-4576.

[34] Sun S, Fan S, Wang Y. Exploiting image structural similarity for single image rain removal. IEEE International Conference on Image Processing, 2014: 4482-4486.

[35] You S, Tan R, Kawakami R, et al. Adherent raindrop detection and removal in video. IEEE Conference on Computer Vision and Pattern Recognition, 2013: 1035-1042.

[36] Desvignes M, Molinie G. Raindrops size from video and image processing. IEEE International Conference on Image Processing, 2012: 1341-1344.

[37] Jia Z, Wang H, Caballero R, et al. Real-time content adaptive contrast enhancement for see-through fog and rain. IEEE International Conference on Acoustics Speech and Signal Processing, 2010: 1378-1381.

[38] Garg K, Nayar S. When does a camera see rain. IEEE International Conference on Computer Vision, 2005, 2: 1067-1074.

[39] Kawarabuki H, Onoguchi K. Snowfall detection in a foggy scene. IEEE International Conference on Pattern Recognition, 2014: 877-882.

[40] Bissonnette L. Imaging through fog and rain. Optical Engineering, 1992, 31(5): 1045-1052.

[41] Cai C, Zhang Q, Liang Y. A survey of image dehazing approaches. IEEE 27th Chinese Control and Decision Conference, 2015: 3964-3969.

[42] Wang Q, Ward R. Fast image/video contrast enhancement based on weighted thresholded histogram equalization. IEEE Transactions on Consumer Electronics, 2007, 53(2): 757-764.

[43] Dale-Jones D, Tjahjadi T. A study and modification of the local histogram equalization algorithm. Pattern Recognition, 2007, 26(9): 1373-1381.

[44] Khan M , Khan E, Abbasi Z. Segment dependent dynamic multi-histogram equalization for image contrast enhancement. Digital Signal Processing, 2014, 25: 198-223.

[45] Celik T, Tjahjadi T. Contextual and variational contrast enhancement. IEEE Transactions on Image Processing, 2011, 20(12): 3431-3441.

[46] Kim T K, Paik J K, Kang B S. Contrast enhancement system using spatially adaptive histogram equalization with temporal filtering. IEEE Transactions on Consumer Electronics, 1998, 44(1): 82-87.

[47] Kim J Y, Kim L S, Hwang S H. An advanced contrast enhancement using partially overlapped sub-block histogram equalization. IEEE Transactions Circuits and Systems for Video Technology, 2001, 11(4): 475-484.

[48] Huang S C, Yeh C H. Image contrast enhancement for preserving mean brightness without losing image features. Engineering Applications of Artificial Intelligence, 2013, 26(5): 1487-1492.

[49] Xu H, Zhai G, Wu X, et al. Generalized equalization model for image enhancement. IEEE Transactions on Multimedia, 2014, 16(1): 68-82.

[50] Wang L, Zhu R. Image defogging algorithm of single color image based on wavelet transform and histogram equalization. Applied Mathematical Sciences, 2013, 7: 3913-3921.

[51] Xu Z, Liu X, Ji N. Fog removal from color images using contrast limited adaptive histogram equalization. IEEE International Congress on Image and Signal Processing, 2009: 1-5.

[52] Al-Sammaraie M F. Contrast enhancement of roads images with foggy scenes based on histogram equalization. IEEE International Conference on Computer Science & Education, 2015: 95-101.

[53] Yadav G, Maheshwari S, Agarwal A. Foggy image enhancement using contrast limited adaptive histogram equalization of digitally filtered image: Performance improvement. International Conference on Advances in Computing, Communications and Informatics, 2014: 2225-2231.

[54] Land E H, McCann J J. Lightness and retinex theory. Journal of the Optical Society of America, 1971, 61(1): 1-11.

[55] Ted J C, Farhan A B. Analysis and extensions of the Frankle-McCann retinex algorithm. Journal of Electronic Image, 2004, 13(1): 85-92.

[56] Jobson D J, Rahman Z U, Woodell G. Properties and performance of a center/surround retinex. IEEE Transactions on Image Processing, 1997, 6(3): 451-462.

[57] Jobson D J, Rahman Z U, Woodell G. Multi-scale retinex for color image enhancement. IEEE International Conference on Image Processing, 1996: 1003-1006.

[58] Xu X, Chen Q, Pheng A H, et al. A fast halo-free image enhancement method based on retinex. Journal of Computer-Aided Design & Computer Graphics, 2008, 20(10): 1325-1331.

[59] Yang W, Wang W R, Fang R S, et al. Variable filter retinex algorithm for foggy image enhancement. Journal of Computer-Aided Design & Computer Graphics, 2010, 22(6): 965-971.

[60] Hu W, Wang R, Fang S, et al. Retinex algorithm for image enhancement based on bilateral filtering. Journal of Engineering Graphics, 2010, 31(3): 104-109.

[61] Hu X, Gao X, Wang H. A novel retinex algorithm and its application to fog-degraded image enhancement. Sensors & Transducers, 2014, 175(7): 138-143.

[62] Shu T, Liu Y, Deng B, et al. Multi-scale retinex algorithm for the foggy image enhancement based on sub-band decomposition. Journal of Jishou University, 2015, 36(1): 40-45.

[63] Zhang K, Wu C, Miao J, et al. Research about using the retinex-based method to remove the fog from the road traffic video. ICTIS 2013, 2013: 861-867.

[64] Seow M J, Asari V K. Ratio rule and homomorphic filter for enhancement of digital colour image. Neurocomputing, 2006, 69(7): 954-958.

[65] Cai W T, Liu Y X, Li M C, et al. A self-adaptive homomorphic filter method for removing thin cloud. IEEE Conference on Geoinformatics, 2011: 1-4.

[66] Grewe L L, Richard R B. Atmospheric attenuation reduction through multisensor fusion.

Aerospace/Defense Sensing and Controls, 1998: 102-109.
[67] Russo F. An image enhancement technique combining sharpening and noise reduction. IEEE Transactions on Instrumentation and Measurement, 2002, 51(4): 824-828.
[68] Du Y, Guindon B, Cihlar J. Haze detection and removal in high resolution satellite image with wavelet analysis. IEEE Transactions on Geoscience and Remote Sensing, 2002, 40(1): 210-217.
[69] Zhou S, Wang M, Huang F, et al. Color image defogging based on intensity wavelet transform and color improvement. Journal of Harbin University of Science and Technology, 2011, 16(4): 59-62.
[70] Zhu R, Wang L. Improved wavelet transform algorithm for single image dehazing. Optik-International Journal for Light and Electron Optics, 2014, 125(13): 3064-3066.
[71] Anantrasirichai N, Achim A, Bull D, et al. Mitigating the effects of atmospheric distortion using DT-CWT fusion. IEEE Conference on Image Processing, 2012: 3033-3036.
[72] John J, Wilscy M. Enhancement of weather degraded color images and video sequences using wavelet fusion. Advances in Electrical Engineering and Computational Science, 2009: 99-109.
[73] Starck J, Fionn M, Emmanuel J, et al. Gray and color image contrast enhancement by the curvelet transform. IEEE Transactions on Image Processing, 2003, 12(6): 706-717.
[74] Verma M, Kaushik V D, Pathak V K. An efficient deblurring algorithm on foggy images using curvelet transforms. ACM International Symposium on Women in Computing and Informatics, 2015: 426-431.
[75] Salamati N, Germain A, Süsstrunk S. Removing shadows from images using color and near-infrared. IEEE International Conference on Image Processing, 2011: 1713-1716.
[76] Schaul L, Fredembach C, Süsstrunk S. Color image dehazing using the near-infrared. Proceedings of the 16th IEEE International Conference on Image Processing, 2009.
[77] Son J, Kwon H, Shim T, et al. Fusion method of visible and infrared images in foggy environment. International Conference on Image Processing, Computer Vision, and Pattern Recognition, 2015: 433-437.
[78] Chen F, Zhuo S, Zhang X, et al. Near-infrared guided color image dehazing. IEEE International Conference on Image Processing, 2013: 2363-2367.
[79] Ancuti C O, Ancuti C, Bekaert P. Effective single image dehazing by fusion. IEEE International Conference on Image Processing, 2010: 3541-3544.
[80] Ancuti C O, Ancuti C. Single image dehazing by multi-scale fusion. IEEE Transactions on Image Processing, 2013, 22(8): 3271-3282.
[81] Ancuti C O, Ancuti C, Hermans C, et al. Image and video decolorization by fusion. Asian Conference on Computer Vision, 2011: 79-92.
[82] Fang S, Deng R, Cao Y, et al. Effective single underwater image enhancement by fusion. Journal of Computers, 2013, 8(4): 904-911.

[83] Ma Z, Wen J, Zhang C, et al. An effective fusion defogging approach for single sea fog image. Neurocomputing, 2016, 173: 1257-1267.

[84] Wang Z, Feng Y. Fast single haze image enhancement. Computers & Electrical Engineering, 2014, 40(3): 785-795.

[85] Guo F, Tang J, Cai Z. Fusion strategy for single image dehazing. International Journal of Digital Content Technology & Its Applications, 2013, 17(1): 19-28.

[86] Zhang H, Liu X, Huang Z, et al. Single image dehazing based on fast wavelet transform with weighted image fusion. IEEE International Conference on Image Processing, 2014: 4542-4546.

[87] Oakley J P, Satherley B L. Improving image quality in poor visibility conditions using models using model for degradation. IEEE Transaction on Image Processing, 1998, 7(2): 167-179.

[88] McCartney E J. Optics of the Atmosphere: Scattering by Molecules and Particles. New York: John Wiley & Sons, 1976: 1-42.

[89] Tan K, Oakley J P. Physics based approach to color image enhancement in poor visibility conditions. JOSAA, 2001, 18(10): 2460-2467.

[90] Tan K, Oakley J P. Enhancement of color image in poor visibility conditions. IEEE International Conference on Image Processing, 2000: 788-791.

[91] Robinson M J, Armitage D W, Oakley J P. Seeing in the mist: Real time video enhancement. Sensor Review, 2002, 22(2): 157-161.

[92] Hautière N, Tarel J P, Lavenant J, et al. Automatic fog detection and estimation of visibility distance through use of an onboard camera. Machine Vision and Applications, 2006, 17(1): 8-20.

[93] Hautière N, Aubert D. Contrast restoration of foggy images through use of an on board camera. IEEE International Conference on Intelligent transportation Systems, 2005: 601-606.

[94] Hautière N, Labayrade R, Aubert D. Real-time disparity contrast combination for onboard estimation of the visibility distance. IEEE Transactions on Intelligent Transportation Systems, 2006, 7(2): 601-606.

[95] Kopf J, Neubert B, Chen B, et al. Deep photo: Model-based photograph enhancement and viewing. ACM Transactions on Graphics (TOG), 2008, 27(5): 116.

[96] Narasimhan S G, Nayar S K. Interactive (de) weathering of an image using physical models. IEEE Workshop on Color and Photometric Methods in Computer Vision, 2003: 1-8.

[97] 孙玉宝, 肖亮, 韦志辉, 等. 基于偏微分方程的户外图像去雾方法. 系统仿真学报, 2007, 19(16): 3739-3744.

[98] Tang K, Yang J, Wang J. Investigating haze-relevant features in a learning framework for image dehazing. IEEE Conference on Computer Vision and Pattern Recognition, 2014: 2995-3002.

[99] Gibson K B, Belongie S J, Nguyen T Q. Example based depth from fog. IEEE International Conference on Image Processing, 2013: 728-732.

[100] Zhu Q, Mai J, Shao L. Single image dehazing using color attenuation prior. The British Machine Vision Conference, 2014: 1-10.

[101] Zhu Q, Mai J, Shao L. A fast single image haze removal algorithm using color attenuation prior. IEEE Transactions on Image Processing, 2015, 24(11): 3522-3533.

[102] Schechner Y Y, Narasimhan S G, Nayar S K. Instant dehazing of images using polarization. IEEE Conference on Computer Vision and Pattern Recognition, 2001: 325-332.

[103] Schechner Y Y, Narasimhan S G, Nayar S K. Polarization-based vision through haze. Applied Optics, 2003: 511-525.

[104] Shwartz S, Namer E, Schechner Y Y. Blind haze separation. IEEE Conference on Computer Vision and Pattern Recognition, 2006, 2: 1984-1991.

[105] Schechner Y Y, Averbuch Y. Regularized image recovery in scattering media. IEEE Transactions on Pattern Analysis and Machine Intelligence, 2007, 29(9): 1655-1660.

[106] Kaftory R, Schechner Y Y, Zeevi Y Y. Variational distance-dependent image restoration. IEEE Conference on Computer Vision and Pattern Recognition, 2007: 1-8.

[107] Liu F, Cao L, Shao X, et al. Polarimetric dehazing utilizing spatial frequency segregation of images. Applied Optics, 2015, 54(27): 8116-8122.

[108] Fang S, Xia X, Xing H, et al. Image dehazing using polarization effects of objects and airlight. Optics Express, 2014, 22(16): 19523-19537.

[109] Namer E, Shwartz S, Schechner Y. Skyless polarimetric calibration and visibility enhancement. Optics Express, 2009, 17(2): 472-493.

[110] Treibitz T, Schechner Y Y. Polarization: Beneficial for visibility enhancement. IEEE Conference on Computer Vision and Pattern Recognition, 2009: 525-532.

[111] Li C, Lu W, Xue S, et al. Quality assessment of polarization analysis images in foggy conditions. IEEE International Conference on Image Processing, 2014: 551-555.

[112] Miyazaki D, Akiyama D, Baba M, et al. Polarization-based dehazing using two reference objects. IEEE International Conference on Computer Vision Workshops, 2013: 852-859.

[113] Schechner Y Y, Karpel N. Clear underwater vision. IEEE International Conference on Computer Vision, 2004: 536-543.

[114] Schechner Y Y, Karpel N. Recovery of underwater visibility and structure by polarization analysis. IEEE Journal of Oceanic Engineering, 2005, 30(3): 570-587.

[115] Treibitz T, Schechner Y Y. Active polarization descattering. IEEE Transactions on Pattern Analysis and Machine Intelligence, 2009, 31(3): 385-399.

[116] Nayar S K, Narasimhan S G. Vision in bad weather. IEEE International Conference on Computer Vision, 1999: 820-827.

[117] Narasimhan S G, Nayar S K. Chromatic framework for vision in bad weather. IEEE Conference on Computer Vision and Pattern Recognition, 2000: 598-605.

[118] Narasimhan S G, Nayar S K. Vision and the atmosphere. International Journal of Computer Vision, 2002, 48(3): 233-254.

[119] Narasimhan S G, Nayar S K. Contrast restoration of weather degraded images. IEEE Transactions on Pattern Analysis and Machine Intelligence, 2003, 25(6): 713-724.

[120] Narasimha S G, Nayar S K. Removing weather effects from monochrome images. IEEE Conference on Computer Vision and Pattern Recognition, 2001: 186-193.

[121] Sun J, Jia J, Tang C K, et al. Poisson matting. ACM Transaction on Graphics, 2004, 23(3): 315-321.

[122] 陈功, 王唐, 周荷琴.基于物理模型的雾天图像复原新方法. 中国图象图形学报, 2008, 13(5): 888-893.

[123] Wu D, Dai Q. Data-driven visibility enhancement using multi-camera system. SPIE Defense, Security, and Sensing, 2010: 76890-76890.

[124] 吴迪, 朱青松. 图像去雾的最新研究进展. 自动化学报, 2015, 41(2): 221-239.

[125] Tan R T. Visibility in bad weather from a single image. IEEE Conference on Computer Vision and Pattern Recognition, 2008: 1-8.

[126] Ancuti C, Ancuti C O. Effective contrast-based dehazing for robust image matching. IEEE Geoscience and Remote Sensing Letters, 2014, 11(11): 1871-1875.

[127] Bertalmío M, Caselles V, Provenzi E, et al Perceptual color correction through variational techniques. IEEE Transactions on Image Processing, 2007, 16(4): 1058-1072.

[128] Galdran A, Vazquez-Corral J, Pardo D, et al. Enhanced variational image dehazing. SIAM Journal on Imaging Sciences, 2015, 8(3): 1519-154.

[129] Galdran A, Vazquez-Corral J, Pardo D, et al. A variational framework for single image dehazing. Springer European Conference on Computer Vision, 2014: 259-270.

[130] Fattal R. Single image dehazing. ACM Transactions on Graphics (TOG). 2008, 27(3): 1-9.

[131] Fattal R. Dehazing using color-lines. ACM Transactions on Graphics (TOG), 2014, 34(1): 1-14.

[132] Kratz L, Nishino K. Factorizing scene albedo and depth from a single foggy image. IEEE International Conference on Computer Vision, 2009: 1701-1708.

[133] Nishino K, Kratz L, Lombardi S. Bayesian defogging. International Journal of Computer Vision, 2012, 98(3): 263-278.

[134] Caraffa L, Tarel J P. Stereo reconstruction and contrast restoration in daytime fog. Asia Conference on Computer Vision, 2013: 13-25.

[135] Caraffa L, Tarel J P. Markov random field model for single image defogging. IEEE Intelligent Vehicles Symposium, 2013: 994-999.

[136] Dong N, Bi D, Liu C, et al. A Bayesian framework for single image dehazing considering noise. The Scientific World Journal, 2014: 651-986.

[137] Mutimbu L, Robles-Kelly A. A relaxed factorial Markov random field for colour and depth estimation from a single foggy image. IEEE International Conference on Image

Processing, 2013: 355-359.
[138] Dong X, Hu X, Peng S, et al. Single color image dehazing using sparse priors. IEEE International Conference on Image Processing, 2010: 3593-3596.
[139] Zhang J, Li L, Yang G, et al. Local albedo-insensitive single image dehazing. The Visual Computer, 2010, 26(6-8): 761-768.
[140] Zhang J, Li L, Zhang Y, et al. Video dehazing with spatial and temporal coherence. The Visual Computer, 2011, 27(6-8): 749-757.
[141] Wang Y, Fan C. Single image defogging by multiscale depth fusion. IEEE Transactions on Image Processing, 2014, 23(11): 4826-4837.
[142] He K, Sun J, Tang X. Single image haze removal using dark channel prior. IEEE Transactions on Pattern Analysis and Machine Intelligence, 2011, 33(12): 2341-2353.
[143] Zhu M, He B, Wu Q. Single image dehazing based on dark channel prior and energy minimization. IEEE Signal Processing Letters, 2018, 25(2): 174-178.
[144] Levin A, Lischinski D, Weiss Y. A closed-form solution to natural image matting. IEEE Transactions on Pattern Analysis and Machine Intelligence, 2008, 30(2): 228-242.
[145] Gibson K B, Truong Q. On the effectiveness of the dark channel prior for single image dehazing by approximating with minimum volume ellipsoids. IEEE International Conference on Acoustics, Speech, and Single Processing, 2011: 1253-1256.
[146] Gibson K B, Nguyen T Q, An analysis of single image defogging methods using a color ellipsoid framework. EURASIP Journal on Image and Video Processing, 2013, 1: 1-14.
[147] Park D, Han D K, Ko H. Single image haze removal with WLS-based edge-preserving smoothing filter. IEEE International Conference on Acoustics, Speech and Signal Processing, 2013: 2469-2473.
[148] Yu J, Xiao C, Li D. Physics-based fast single image fog removal. IEEE International Conference on Signal Processing, 2010: 1048-1052.
[149] Yeh C H, Kang L W, Lee M S, et al. Haze effect removal from image via haze density estimation in optical model. Optics express, 2013, 21(22): 27127-27141.
[150] Fang S, Zhan J, Cao Y, et al. Improved single image dehazing using segmentation. IEEE International Conference on Image Processing, 2010: 3589-3592.
[151] Cheng F, Lin C, Lin J. Constant time $O(1)$ image fog removal using lowest level channel. Electronics Letters, 2012, 48(22): 1404-1406.
[152] Chen L, Guo B, Bi J, et al. Algorithm of single image fog removal based on joint bilateral filter. Journal of Beijing University of Posts & Telecommunications, 2012, 35(4): 19-23.
[153] Seiichi S, Lu H. Underwater image dehazing using joint trilateral filter. Computers & Electrical Engineering, 2014, 40(1): 41-50.
[154] He K, Sun J, Tang X. Guided image filtering. IEEE Transactions on Pattern Analysis and Machine Intelligence, 2013, 35(6): 1397-1409.
[155] Wang W, Yuan X, Wu X, et al. Dehazing for images with large sky region. Neurocomputing,

2017, 238(C): 365-376.

[156] Gao R, Fan X, Zhang J, et al. Haze filtering with aerial perspective. IEEE International Conference on Image Processing, 2012: 989-992.

[157] Guo F, Tang J, Cai Z. Image dehazing based on haziness analysis. International Journal of Automation and Computing, 2014, 11(1): 80-86.

[158] Kim J H, Jang W D, Sim J Y, et al. Optimized contrast enhancement for real-time image and video dehazing. Journal of Visual Communication and Image Representation, 2013, 24(3): 410-425.

[159] Cong F, Da F, Wang C. Single image dehazing using dark channel prior and adjacent region similarity. Chinese Conference on Pattern Recognition, 2012: 463-470.

[160] Ma Z, Wen J, Hao L. Video image defogging algorithm for surface ship scenes. Systems Engineering & Electronics, 2014, 36(9): 1860-1867.

[161] Li Z, Zheng J, Zhu Z, et al. Weighted guided image filtering. IEEE Transactions on Image Processing, 2015, 24(1): 120-129.

[162] Li Z, Zheng J. Edge-preserving decomposition-based single image haze removal. IEEE Transactions on Image Processing, 2015, 24(12): 5432-5441.

[163] Li Z, Zheng J, Yao W, et al. Single image haze removal via a simplified dark channel. IEEE International Conference on Acoustics, Speech and Signal Processing, 2015: 1608-1612.

[164] Wang J, He N, Zhang K, et al. Single image dehazing with a physical model and dark channel prior. Neurocomputing, 2015, 149: 718-728.

[165] Tripathi A K, Saibal M. Single image fog removal using anisotropic diffusion. IET Image Processing, 2012, 6(7): 966-975.

[166] Fang F, Li F, Zeng T. Single image dehazing and denoising: A fast variational approach. SIAM Journal on Imaging Sciences, 2014, 7(2): 969-996.

[167] Li B, Wang S, Zheng J, et al. Single image haze removal using content-adaptive dark channel and post enhancement. IET Computer Vision, 2014, 8(2): 131-140.

[168] Shiau Y H, Yang H Y, Chen P Y, et al. Hardware implementation of a fast and efficient haze removal method. IEEE Transactions on Circuits and Systems for Video Technology, 2013, 23(8): 1369-1374.

[169] Sun W, Guo B, Li D, et al. Fast single-image dehazing method for visible-light systems. Optical Engineering, 2013, 52(9): 93-103.

[170] Ding M, Tong R. Efficient dark channel based image dehazing using quadtrees. Science China Information Sciences, 2013, 56(9): 1-9.

[171] Zhu X, Li Y, Qiao Y. Fast single image dehazing through edge-guided interpolated filter. IEEE International Conference on Machine Vision Applications, 2015: 443-446.

[172] Gibson K, Nguyen T. Fast single image fog removal using the adaptive wiener filter. International Conference on Image Processing, 2013: 714-718.

[173] Huang S C, Chen B H, Wang W J. Visibility restoration of single hazy images captured in

real-world weather conditions. IEEE Transactions on Circuits and Systems for Video Technology, 2014, 24(10): 1814-1824.

[174] Huang S C, Ye J H, Chen B H. An advanced single-image visibility restoration algorithm for real-world hazy scenes. IEEE Transactions on Industrial Electronics, 2015, 62(5): 2962-2972.

[175] Wang J G, Tai S C, Lin C J. Image haze removal using a hybrid of fuzzy inference system and weighted estimation. Journal of Electronic Imaging, 2015, 24(3): 033027.

[176] Sun W. A new single-image fog removal algorithm based on physical model. Optik-International Journal for Light and Electron Optics, 2013, 124(21): 4770-4775.

[177] Sun W, Wang H, Sun C, et al. Fast single image haze removal via local atmospheric light veil estimation. Computers & Electrical Engineering, 2015, 46(8): 371-383.

[178] Liu H, Yang J, Wu Z, et al. Fast single image dehazing based on image fusion. Journal of Electronic Imaging, 2015, 24(1): 013020.

[179] Wang W, Li W, Guan Q, et al. Multiscale single image dehazing based on adaptive wavelet fusion. Mathematical Problems in Engineering, 2015: 131082.

[180] Shiau Y H, Chen P Y, Yang H Y, et al. Weighted haze removal method with halo prevention. Journal of Visual Communication and Image Representation, 2014, 25(2): 445-453.

[181] Chen J, Chau L P. An enhanced window-variant dark channel prior for depth estimation using single foggy image. IEEE International Conference on Image Processing, 2013: 3508-3512.

[182] Kil T H, Lee S H, Cho N I. Single image dehazing based on reliability map of dark channel prior. IEEE International Conference on Image Processing, 2013: 882-885.

[183] Wang D, Zhu J. Fast smoothing technique with edge preservation for single image dehazing. IET Computer Vision, 2015, 9(6): 950-959.

[184] Meng G, Wang Y, Duan J, et al. Efficient image dehazing with boundary constraint and contextual regularization. IEEE International Conference on Computer Vision, 2013: 617-624.

[185] Chen B H, Huang S C, Ye J H. Hazy image restoration by bi-histogram modification. ACM Transactions on Intelligent Systems and Technology, 2015, 6(4): 50.

[186] Chen B H, Huang S C. An advanced visibility restoration algorithm for single hazy images. ACM Transactions on Multimedia Computing, Communications, and Applications (TOMM), 2015, 11(4): 1-21.

[187] Ancuti C O, Ancuti C, Hermans C. A fast semi-inverse approach to detect and remove the haze from a single image. Asian Conference on Computer Vision, 2010: 501-514.

[188] Gao Y, Hu H, Wang S. A fast image dehazing algorithm based on negative correction. Signal Processing, 2014, 103: 380-398.

[189] Li J, Zhang H, Yuan D. Haze removal from single images based on a luminance reference model. Asian Conference on Pattern Recognition, 2013: 446-450.

[190] Pei S C, Lee T Y. Nighttime haze removal using color transfer pre-processing and dark channel prior. IEEE International Conference on Image Processing, 2012: 957-960.

[191] Zhang J, Cao Y, Wang Z. Nighttime haze removal based on a new imaging model. IEEE International Conference on Image Processing, 2014: 4557-4561.

[192] Jiang X, Yao H, Zhang S. Night video enhancement using improved dark channel prior. IEEE International Conference on Image Processing, 2013: 553-557.

[193] Tarel J P, Hautiere N. Fast visibility restoration from a single color or gray level image. IEEE International Conference on Computer Vision, 2009: 2201-2208.

[194] Gibson K B, Nguyen T Q. Hazy image modeling using color ellipsoids. IEEE International Conference on Image Processing, 2011: 1861-1864.

[195] Yu J, Liao Q. Fast single image fog removal using edge preserving smoothing. IEEE International Conference on Acoustics, Speech and Signal Processing, 2011: 1245-1248.

[196] Tomasi C, Manduchi R. Bilateral filtering for gray and color images. IEEE International Conference on Computer Vision, 1998: 839-846.

[197] Zhao H, Xiao C, Yu J, et al. Single image fog removal based on local extrema. IEEE/CAA Journal of Automatica Sinica, 2015, 2(2): 158-165.

[198] Xiao C, Gan J. Fast image dehazing using guided joint bilateral filter. The Visual Computer, 2012, 28(6-8): 713-721.

[199] Kopf J, Cohen M F, Lischinski D, et al. Joint bilateral upsampling. ACM Transactions on Graphics, 2007, 26(3): 96.

[200] Bao L, Song Y, Yang Q, et al. An edge-preserving filtering framework for visibility restoration. IEEE International Conference on Pattern Recognition, 2012: 384-387.

[201] Qiong Y, Xu L, Jia J. Dense scattering layer removal. ACM SIGGRAPH, Asia Technical Briefs, 2013.

[202] Liu X, Zeng F, Huang Z, et al. Single color image dehazing based on digital total variation filter with color transfer. IEEE International Conference on Image Processing, 2013: 909-913.

[203] Negru M, Nedevschi S, Peter R I. Exponential image enhancement in daytime fog conditions. IEEE International Conference on Intelligent Transportation Systems, 2014: 1675-1681.

[204] Li J, Zhang H, Yuan D, et al. Single image dehazing using the change of detail prior. Neurocomputing, 2015, 156: 1-11.

[205] Kim J H, Sim J Y, Kim C S. Single image dehazing based on contrast enhancement. IEEE International Conference on Acoustics, Speech and Signal Processing, 2011: 1273-1276.

[206] Park H, Park D, Han D K, et al. Single image haze removal using novel estimation of atmospheric light and transmission. IEEE International Conference on Image Processing, 2014: 4502-4506.

[207] Park H, Park D, Han D K, et al. Single image dehazing with image entropy and information

fidelity. IEEE International Conference on Image Processing, 2014: 4037-4041.
[208] Lai Y S, Chen Y L, Hsu C T. Single image dehazing with optimal transmission map. IEEE International Conference on Pattern Recognition, 2012: 388-391.
[209] Lai Y H, Chen Y L, Chiou C J, et al. Single-image dehazing via optimal transmission map under scene priors. IEEE Transactions on Circuits and Systems for Video Technology, 2015, 25(1): 1-14.
[210] Pedone M, Heikkila J. Robust airlight estimation for haze removal from a single image. IEEE Computer Vision and Pattern Recognition Workshops, 2011: 90-96.
[211] Cheng F C, Cheng C C, Lin P H, et al. A hierarchical airlight estimation method for image fog removal. Engineering Applications of Artificial Intelligence, 2015, 43: 27-34.
[212] Aydin T O, Mantiuk R, Myszkowski K, et al. Dynamic range independent image quality assessment. ACM Transactions on Graphics (TOG), 2008, 27(3): 69.
[213] Huang K, Wang Q, Wu Z. Natural color image enhancement and evaluation algorithm based on human visual system. Computer Vision and Image Understanding, 2006, 103(1): 52-63.
[214] Manjunath B S, Ohm J R, Vasudevan V V, et al. Texture descriptors. IEEE Transactions on Circuitsand Systems for Video Technology, 2001, 11(6): 703-715.
[215] Ma M, Liu W, Wang Z. Perceptual evaluation of single image dehazing algorithms. IEEE International Conference on Image Processing, 2015: 3600-3604.
[216] Moorthy A K, Bovik A C. A two-step framework for constructing blind image quality indices. IEEE Signal Processing Letters, 2010, 17(5): 513-516.
[217] Mittal A, Moorthy A K, Bovik A C. No-reference image quality assessment in the spatial domain. IEEE Transactions on Image Processing, 2012, 21(12): 4695-4708.
[218] Mittal A, Soundararajan R, Bovik A C. Making a completely blind image quality analyzer. IEEE Signal Processing Letters, 2013, 20(3): 209-212.
[219] Saad M A, Bovik A C, Charrier C. Blind image quality assessment: A natural scene statistics approach in the dct domain. IEEE Transactions on Image Processing, 2012, 21(8): 3339-3352.
[220] Wu Q, Li H, Ngan K N, et al. No reference image quality metric via distortion identification and multi-channel label transfer. IEEE International Symposium on Circuits and Systems, 2014: 3339-3352.
[221] Fang Y, Ma K, Wang Z, et al No-reference quality assessment of contrast-distorted images based on natural scene statistics. IEEE Signal Processing Letters, 2015, 22(7): 838-842.
[222] Wang Z, Bovik A C, Sheikh H R, et al. Image quality assessment: From error visibility to structural similarity. IEEE Transactions on Image Processing, 2004, 13(4): 600-612.
[223] Hautiére N, Tarel J P, Aubert D, et al. Blind contrast enhancement assessment by gradient ratioing at visible edges. Image Analysis & Stereology Journal, 2008, 27(2): 87-95.
[224] Choi L K, You J, Bovik A C. Referenceless prediction of perceptual fog density and

perceptual image defogging. IEEE Transactions on Image Processing, 2015, 24(11): 3888-3901.

[225] 李大鹏, 禹晶, 肖创柏. 图像去雾的无参考客观质量评测方法. 中国图象图形学报, 2011, (9): 1753-1757.

[226] 郭璠, 蔡自兴. 图像去雾算法清晰化效果客观评价方法. 自动化学报, 2012, 38(9): 1410-1419.

[227] Chen Z, Jiang T, Tian Y. Quality assessment for comparing image enhancement algorithms. IEEE Conference on Computer Vision and Pattern Recognition, 2014: 3003-3010.

[228] Sulami M, Glatzer I, Fattal R, et al. Automatic recovery of the atmospheric light in hazy images. IEEE International Conference on Computational Photography, 2014: 1-11.

[229] Yuan H, Liu C, Guo Z, et al. A region-wised medium transmission based image dehazing method. IEEE Access, 2017, 5: 1735-1742.

[230] Lu H, Li Y, Nakashima S, et al. Single image dehazing through improved atmospheric light estimation. Multimedia Tools & Applications, 2016, 75(24): 17081-17096.

[231] Zhang W, Hou X. Light source point cluster selection-based atmospheric light estimation. Multimedia Tools & Applications, 2017: 1-12.

[232] 张小刚, 唐美玲, 陈华, 等. 一种结合双区域滤波和图像融合的单幅图像去雾算法. 自动化学报, 2014, 40(8): 1733-1739.

[233] 李权合, 毕笃彦, 许悦雷, 等. 雾霾天气下可见光图像场景再现. 自动化学报, 2014, 40(4): 744-750.

[234] Wang W, Yuan X, Wu X, et al. An efficient method for image dehazing. IEEE International Conference on Image Processing, 2016: 2241-2245.

[235] Viola P, Jones M. Rapid object detection using a boosted cascade of simple features. IEEE Conference on Computer Vision and Pattern Recognition(CV&PR2001), 2001: 511-518.

[236] Shen J. On the foundations of vision modeling: I. Weber's law and Weberized TV restoration. Physica D: Nonlinear Phenomena, 2003, 175(3): 241-251.